高职数学基础

主　编　麦宏元　陶国飞　梁　鹏
副主编　黄结政

北京理工大学出版社
BEIJING INSTITUTE OF TECHNOLOGY PRESS

内 容 简 介

为了满足高等职业院校新的教育教学改革的需要，根据不同专业对数学教学内容提出的要求，编者对高职数学课程进行新的课程改革，编写了本书.

本书主要内容包括初等数学、电工基础数学、一元函数的微积分三部分. 其中，初等数学部分包括数的运算、线性方程组及其解法、一元二次方程及其解法，电工基础数学部分包括三角函数及其应用、复数及其应用，一元函数微积分部分包括函数与极限、导数及其应用、积分及其应用.

本书可以作为高职高专院校电力、动力、机电类等专业的数学教材，也可以作为其他工科类专业及相关行业从业人员的参考用书.

图书在版编目（C I P）数据

高职数学基础 / 麦宏元，陶国飞，梁鹏主编． -- 北京 ： 北京理工大学出版社，2023.9
ISBN 978 - 7 - 5763 - 2775 - 5

Ⅰ．①高… Ⅱ．①麦… ②陶… ③梁… Ⅲ．①高等数学 - 高等职业教育 - 教材 Ⅳ．①O13

中国国家版本馆 CIP 数据核字（2023）第 159045 号

出版发行 / 北京理工大学出版社有限责任公司		
社　　址 / 北京市海淀区中关村南大街 5 号		
邮　　编 / 100081		
电　　话 / (010)68914775(总编室)		
(010)82562903(教材售后服务热线)		
(010)68944723(其他图书服务热线)		
网　　址 / http://www.bitpress.com.cn		
经　　销 / 全国各地新华书店		
印　　刷 / 河北盛世彩捷印刷有限公司		
开　　本 / 787 毫米 × 1092 毫米　1/16		
印　　张 / 14	责任编辑 / 钟　博	
字　　数 / 220 千字	文案编辑 / 钟　博	
版　　次 / 2023 年 9 月第 1 版　2023 年 9 月第 1 次印刷	责任校对 / 周瑞红	
定　　价 / 45.00 元	责任印制 / 施胜娟	

前　言

随着我国高职教育的快速发展，培养生产一线高素质技能人才已成为高职教育的根本性战略任务．高职数学课程作为高职院校的一门重要基础课，承担着为国家培养高素质人才的重任，该课程的开设为学生以后学习专业知识奠定了坚实的数学基础．

在高职教育中，数学教育的意义不仅在于培养学生的数学观念与数学素质，更重要的是培养学生利用数学思想和方法去分析和解决专业问题、实际问题的能力，培养学生的创新思维能力．为了满足当前高职教育教学改革的需要，达成"以就业为导向，以服务为宗旨，以育人为根本"的职业教育目标，更好地实现数学教学为专业学习服务的宗旨，广西电力职业技术学院多名具有丰富教学经验的教师，在总结多年高职数学教学经验以及与二级学院专业老师进行讨论和充分调研的基础上编写了本书．

编者在编写本书的过程中，始终注意突出以培养实用型人才和课程育人为目标，贯彻必需、够用为度的原则，其主要特点如下．

（1）挖掘数学本身蕴含的大量思政元素，突显课程的"育德"功能．

首先，在每章开头都有关于数学的"名人名言"．其次，在不同的章节中，不时插入含有思政教育元素的"大国工匠""小知识大哲理"卡片，介绍我国现代化建设中涌现出来的"精英模范和技术能手"及相应的数学教学内容所蕴含的思政哲理．再次，在每章结尾都设置有"数学文化阅读与欣赏"专栏，专门介绍数学家的故事及其数学成就、数学知识的发展等，让学生在阅读与欣赏中树立正确的世界观、人生观、价值观．最后，增加了开阔视野篇，介绍华为公司的掌舵人任正非及华为5G的发展与数学的关系．

（2）以专业需求为导向，改变高职数学教材现状，调整现有的教材体系，使高职数学更贴近专业课学习需要，更好地为专业服务．

（3）以"够用、实用"为原则，围绕专业课程精选教学内容和教学案例．

①以"够用"为度选择教学内容．紧紧围绕着为学生的后续发展服务、为专业学习服务来"删减"或"增设"内容，如选择了"函数与极限""一元函数的微积分"等高等数学内容；删减了"函数的连续性""微分中值定理""多元微积分"等理论性较强的内容；同时，为突出"专业"二字，体现"电"的特色，增设"三角函数"和"复数"的相关知识，在各章节内容中都安排了相应的"专业（或实际）应用案例"，特别是与电力类等专业密切相关的案例．

②以"实用"为主选择教学内容．打破数学自身的完整性，根据实际需要灵活

1

地处理教学内容，以解决实际问题为目的，强调知识的应用性和使用价值，尽量避开定理的高深逻辑推理过程，把教学的侧重点定位在应用能力的培养方面．

（4）以"提高能力"为目标，通过课中、课后能力训练来完善教学内容．重视能力的培养，备有课后能力训练题、综合能力训练题，并分层安排、补充相应专业（特别是电力专业）的习题，内容丰富，适合各层次的学生练习．

（5）每一章都设有"本章导学"和要达到的"能力目标""知识目标""素质目标"，每一节都设有该节内容的"学习目标""知识链接"和"专业（或实际）应用案例"，以"知识点"作为知识链接，引导读者逐步地学习相关内容，在本节内容最后还专门设计有"专业（特别是电力类专业）（或实际）应用案例"，以加强数学与专业学习的联系，突出数学的应用能力和服务专业的能力，提高学生的学习兴趣．

本书由广西电力职业技术学院教师麦宏元、陶国飞、梁鹏担任主编，黄结政担任副主编．第1、2、6、7章由麦宏元编写，第3、4、5章由陶国飞编写，第8章由梁鹏编写，各章节中的"名人名言""大国工匠""小知识大哲理"以及开阔视野篇等内容由麦宏元收集和编写，"数学文化阅读与欣赏"由麦宏元、陶国飞收集和编写，全书由麦宏元、黄结政联合审稿．

本书可以作为高职高专院校电力、动力、机电、电子、交通类等专业的数学教材，也可以作为其他工科专业及相关行业从业人员的参考用书．

在编写过程中，编者参考了国内众多院校教师编写的教材、书籍和期刊，特别是"开阔视野篇"中的内容主要摘录汤涛院士在《数学文化》期刊登载的文章，在此表示感谢，同时对积极支持本书编写和出版的领导表示衷心的感谢！

由于编者水平有限，书中难免有不足之处，敬请使用本书的师生与读者批评指正，以便今后修订改进．

编　者

目 录

第1章　数的运算

【名人名言】

数学是打开科学大门的钥匙.

——培根

【本章导学】

数是数学最基本的研究对象，也是一切科学技术和社会领域中必不可少的工具.本章首先对数的发展史做简单介绍，然后介绍有关数的运算，重点介绍整数与分数的运算等内容.

【学习目标】

能力目标：能进行数的加、减、乘、除运算，特别是整数和分数的加、减、乘、除运算.

知识目标：掌握数的四则运算，特别是正、负数，分数的四则运算.

素质目标：培养和提高学生在解决实际问题或专业问题时的运算能力.

1.1 数的运算

一、学习目标

能力目标：能进行整数和分数的加、减、乘、除运算.

知识目标：掌握正、负数，分数的四则运算.

二、知识链接

知识点 1：数的发展简介

数字伴随着人类的出现而出现. 自然数的产生，起源于人类在生产和生活中计数的需要. 人类是动物进化的产物，最初完全没有数量的概念，但人类发达的大脑对客观世界的认识已经达到更加理性和抽象的地步. 这样，在漫长的生产实践中，由于记事和分配生活用品等方面的需要，逐渐产生了数的概念. 比如人们捕获了一头野兽，就用 1 块石子代表，捕获了 3 头野兽，就用 3 块石子代表，等等，这样就产生了正整数.

　　最初人们在记数时，没有"零"的概念，后来，在生产实践中，需要记录和计算的东西越来越多，逐渐产生了位值制记数法，有了这种记数法，零的产生就不可避免了．在我国古代筹算中，利用"空位"表示零；公元 6 世纪，印度数学家开始用符号"0"表示零．于是，数由正整数扩充到了 0，0 不是正整数，它是最小的自然数．

　　随着人类社会的发展，商业开始出现，在使用数字时人们发现，当用 1 头猪换 10 只鸡时，如果别人没有 10 只鸡，而只有 8 只鸡时，就记作欠 2 只，欠 2 只就是负整数，这样负整数自然而然就出现了．负整数和自然数（0 和正整数）共同构成了整数．

　　随着人类社会和生产的不断发展，在土地测绘、天文观测、土木建筑、水利工程等活动中，都需要进行测量，在测量过程中，常常会发生度量不尽的情况，如果要更精确地度量下去，就必然产生自然数不够用的矛盾．例如：如果在分配猎物时，5 个人分 4 个猎物，每个人该分得多少呢？于是，基于类似问题，分数就产生了．同理，正分数也就应运而生．随着社会的发展，人们又发现很多数量具有相反的意义，比如增加和减少、前进和后退、上升和下降、向东和向西，由此又产生负分数．正分数和负分数统称分数．

　　整数与分数统称有理数．有了这些数字表示法，人们进行计算时感到方便多了．

　　无理数的诞生过程是数字发展史中最曲折的．古时候有一个毕达哥拉斯学派，该学派认为万物皆数，我们现在学习的勾股定理就是毕达哥拉斯发现的．毕达哥拉斯有一个学生叫作希帕索斯，希帕索斯在研究正方形时发现：如果正方形的边长是 1，根据勾股定理，它的对角线的长度就是 $\sqrt{2}$，而 $\sqrt{2}$ 并不是有理数，随之产生了无理数（这与毕达哥拉斯学派的万物皆数理论矛盾，希帕索斯的研究发现当时曾经被毕达哥拉斯学派无情地封杀，故称无理数的诞生过程是数字发展史中最曲折的）．

　　有理数与无理数统称实数．由此得到实数的分类如图 1－1 所示．

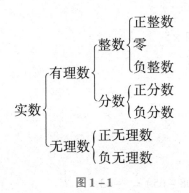

图 1－1

知识点 2：数的运算

本知识点主要介绍整数和分数的运算.

1. 整数的运算

对整数可以施行加、减、乘、除 4 种运算，叫作四则运算. 四则运算要严格遵循以下运算法则：先乘除，后加减.

整数的四则混合运算法则如下.

（1）在没有括号的算式中，如果只有加、减法或者只有乘、除法，则从左往右依次计算.

（2）在没有括号的算式中，如果既有加、减法又有乘、除法，则先算乘、除法，再算加、减法.

（3）在有括号的算式中，要优先算括号里面的算式，如果有多个括号，则先算小括号里面的算式，再算中括号里面的算式，最后算大括号里面的算式.

能力训练 1 – 1 – 1 计算下列式子的值.

（1）$98 - 45 + 36 + 21 - 79$； （2）$13 \times 6 \times 2 \div 24 \times 5$；

（3）$-108 + 65$； （4）$23 - 97 + 36$.

解（1） $98 - 45 + 36 + 21 - 79$

$\qquad = (98 - 45) + 36 + 21 - 79$

$\qquad = (53 + 36) + 21 - 79$

$\qquad = (89 + 21) - 79$

$\qquad = 110 - 79$

$\qquad = 31.$

（2） $13 \times 6 \times 2 \div 52 \times 5$

$\qquad = (13 \times 6) \times 2 \div 52 \times 5$

$\qquad = (78 \times 2) \div 52 \times 5$

$\qquad = (156 \div 52) \times 5$

$\qquad = 3 \times 5$

$\qquad = 15.$

（3） $-108 + 65 = -(108 - 65) = -43.$

（4） $23 - 97 + 36 = (23 - 97) + 36$

$= -(97 - 23) + 36$

$= -74 + 36$

$= -(74 - 36)$

$= -38.$

注意：

（1）当一个负数与一个正数相加时，如果负数的绝对值大于正数，要先变为这个负数的绝对值减去这个正数，且结果是负数.

（2）两个正数相减，当被减数小于减数时，要先互换位置，变成大的正数减去小的正数，且结果为负数.

能力训练 1 – 1 – 2 计算下列式子的值.

（1） $36 \times 4 - 40 + 6 \times 8 \div 24$；   （2） $83 - 8 \times 9 \div 3 \times 5 + 13.$

解   （1） $36 \times 4 - 40 + 6 \times 8 \div 24 = 144 - 40 + 48 \div 24 = 144 - 40 + 2 = 106.$

（2） $83 - 8 \times 9 \div 3 \times 5 + 13$

$= 83 - 72 \div 3 \times 5 + 13$

$= 83 - 24 \times 5 + 13$

$= 83 - 120 + 13$

$= -(120 - 83) + 13$

$= -37 + 13$

$= -(37 - 13)$

$= -24.$

能力训练 1 – 1 – 3 计算下列式子的值.

（1） $36 \times 4 - (40 + 6 \times 8) \div 22$；   （2） $83 - 8 \times [9 - 56 \div (3 \times 5 + 13)].$

解   （1） $36 \times 4 - (40 + 6 \times 8) \div 22$

$= 144 - (40 + 48) \div 22$

$= 144 - 88 \div 22$

$= 144 - 4$

$= 140.$

（2）　　$83 - 8 \times [9 - 56 \div (3 \times 5 + 13)]$

$$= 83 - 8 \times [9 - 56 \div (15 + 13)]$$

$$= 83 - 8 \times [9 - 56 \div 28]$$

$$= 83 - 8 \times [9 - 2]$$

$$= 83 - 8 \times 7$$

$$= 83 - 56$$

$$= 27 .$$

2. 分数的运算

对分数同样可以施行加、减、乘、除 4 种运算.

1）分数的加、减法运算法则

（1）分母相同时，只把分子相加、减，分母不变.

（2）分母不相同时，要先通分成同分母的分数，然后按第（1）种情况进行运算.

注意：通分时，要先确定两个分数分母的最小公倍数，然后以这个最小公倍数为各分数的分母，分子乘以相应的倍数即可.

能力训练 1 - 1 - 4　计算下列式子的值.

（1）$\dfrac{5}{9} - \dfrac{2}{9}$；

（2）$\dfrac{1}{4} + \dfrac{7}{4}$；

（3）$\dfrac{5}{7} + \dfrac{3}{4} - \dfrac{2}{3}$；

（4）$\dfrac{5}{6} + \dfrac{3}{4} - \dfrac{5}{12}$.

解　（1）$\dfrac{5}{9} - \dfrac{2}{9} = \dfrac{5 - 2}{9} = \dfrac{3}{9} = \dfrac{1}{3}$.

（2）$\dfrac{1}{4} + \dfrac{7}{4} = \dfrac{1 + 7}{4} = \dfrac{8}{4} = 2$.

（3）　$\dfrac{5}{7} + \dfrac{3}{4} - \dfrac{2}{3} = \dfrac{20}{28} + \dfrac{21}{28} - \dfrac{2}{3} = \dfrac{20 + 21}{28} - \dfrac{2}{3}$

$$= \dfrac{41}{28} - \dfrac{2}{3} = \dfrac{123}{84} - \dfrac{56}{84}$$

$$= \dfrac{123 - 56}{84} = \dfrac{67}{84} .$$

（4）$\dfrac{5}{6} + \dfrac{3}{4} - \dfrac{5}{12} = \dfrac{10}{12} + \dfrac{9}{12} - \dfrac{5}{12} = \dfrac{10 + 9 - 5}{12} = \dfrac{14}{12} = \dfrac{7}{6}$.

特别注意：当两个分数的分母不相同时，一定要先通分（即同分母），后加、减.

2）分数的乘法运算法则

把各个分数的分子相乘作为分子，各个分数的分母相乘作为分母，然后约分．

能力训练 1－1－5 计算下列式子的值．

（1）$\dfrac{5}{7} \times \dfrac{3}{4}$；

（2）$\dfrac{5}{6} \times \dfrac{3}{4} \times \dfrac{1}{10}$．

解（1）$\dfrac{5}{7} \times \dfrac{3}{4} = \dfrac{5 \times 3}{7 \times 4} = \dfrac{15}{28}$．

（2）$\dfrac{5}{6} \times \dfrac{3}{4} \times \dfrac{1}{10} = \dfrac{5 \times 3 \times 1}{6 \times 4 \times 10} = \dfrac{1}{16}$．

3）分数的除法运算法则

两个分数相除，相当于被除数乘以除数的倒数，把式子变成两个分数相乘的形式，再按分数的乘法运算法则进行运算即可．

能力训练 1－1－6 计算下列式子的值．

（1）$\dfrac{5}{4} \div \dfrac{3}{4}$；

（2）$\dfrac{5}{6} \div \dfrac{3}{8} \div \dfrac{4}{5}$．

解（1）$\dfrac{5}{4} \div \dfrac{3}{4} = \dfrac{5}{4} \times \dfrac{4}{3} = \dfrac{5}{3}$．

（2）$\dfrac{5}{6} \div \dfrac{3}{8} \div \dfrac{4}{5} = \dfrac{5}{6} \times \dfrac{8}{3} \times \dfrac{5}{4} = \dfrac{25}{9}$．

三、专业（或实际）应用案例

案例 1－1－1 天气晴朗时，一个人能看到大海的最远距离 s（单位：km）可用公式 $s^2 = \dfrac{169}{10}h$ 来估计，其中 h（单位：m）是眼睛离海平面的高度．如果一个人站在岸边观察，当眼睛离海平面的高度是 $\dfrac{3}{2}$ m 时，这个人能看到多远？如果这个人登上观望台，其能看到大海的最远距离是 8 km 时，这个人的眼睛距离海平面的高度是多少？

解 因为 $h = \dfrac{3}{2}$，所以 $s^2 = \dfrac{169}{10}h = \dfrac{169}{10} \times \dfrac{3}{2} = \dfrac{507}{20}$，得 $s \approx 5$ km．

又因为 $s = 8$ km，所以 $h = \dfrac{10}{169}s^2 = \dfrac{10}{169} \times 8^2 \approx 3.8$（m）．

答：如果一个人站在岸边观察，当眼睛离海平面的高度是 $\dfrac{3}{2}$ m 时，这个人能看到

5 km 远的地方；如果这个人登上观望台，其能看到大海的最远距离是 8 km 时，这个人的眼睛距离海平面的高度约为 3.8 m.

小知识大哲理

　　事物都有两面性，任何事情都有正、反两方面，就像正、负数一样. 没有统一衡量事情对与错的标准，一件事从不同的角度看，会有不同的感受. 以积极的心态去对待生活和工作，多一些宽容，或者换位思考，就会得到截然不同的结果，可以看到失败的背后是成功，付出的背后是收获.

课后能力训练 1.1

1. 计算下列各式的值.

(1) $89 - 35 + 47 - 28 + 63$；

(2) $15 \times 4 \times 5 \div 25 \times 7$；

(3) $-319 + 74$；

(4) $57 - 85 + 23$；

(5) $400 \div 20 \times 36$；

(6) $320 - 210 \div 7$；

(7) $278 + 27 \times 8$；

(8) $109 - 23 \times 5 + 47$；

(9) $23 \times 12 - (105 - 5 \times 12) \div 15$；

(10) $59 - 47 \times [15 - 1\,890 \div (24 \times 3 + 18)]$.

2. 计算下列各式的值.

(1) $\frac{2}{9} + \frac{1}{2}$；

(2) $\frac{6}{7} - \frac{1}{3}$；

(3) $\frac{7}{10} + \frac{3}{4}$；

(4) $\frac{2}{7} + \frac{1}{9}$；

(5) $\frac{1}{3} - \frac{1}{5}$；

(6) $\frac{1}{6} + \frac{1}{4}$；

(7) $7 - \frac{1}{7}$；

(8) $\frac{14}{15} - \frac{1}{3}$；

(9) $\frac{5}{8} + \frac{1}{8}$；

(10) $\frac{1}{4} - \frac{1}{6}$；

(11) $\frac{4}{9} + \frac{2}{3} - \frac{3}{7}$；

(12) $\frac{5}{24} + \frac{1}{6} - \frac{7}{12}$；

(13) $\dfrac{25}{12} \times \dfrac{3}{5}$;

(14) $\dfrac{9}{35} \times \dfrac{7}{18} \times \dfrac{5}{21}$;

(15) $\dfrac{5}{9} \div \dfrac{7}{18}$;

(16) $\dfrac{5}{13} \div \dfrac{25}{26} \div \dfrac{1}{6}$.

3. 阅读与思考.

据说，我国著名数学家华罗庚（图 1-2）在一次出国访问途中，看到飞机上邻座的乘客阅读的杂志上有一道智力题：一个数是 59 319，求它的立方根. 华罗庚脱口而出：39. 邻座的乘客十分惊奇，忙问计算的诀窍. 你知道华罗庚是怎样迅速而准确地计算出结果的吗？

华罗庚（1910—1985年）

图 1-2

请按照下面的问题试一试.

（1）由 $10^3 = 1\,000$，$100^3 = 1\,000\,000$，你能确定 $\sqrt[3]{59\,319}$ 是几位数吗？

（2）由 59 319 的个位上的数是 9，你能确定 $\sqrt[3]{59\,319}$ 的个位上的数是多少吗？

（3）如果划去 59 319 后面的 3 位数 319 而得到 59，而 $3^3 = 27$，$4^3 = 64$，由此你能确定 $\sqrt[3]{59\,319}$ 的十位上的数是多少吗？

已知 19 683，110 592 都是整数的立方，按照上述方法，你能确定它们的立方根吗？

大国工匠：火箭"心脏"焊接人

2015 年，53 岁的高凤林是中国航天科技集团公司第一研究院 211 厂发动机车间班组长. 35 年来，他几乎都在做同样一件事，即为火箭 [图 1 - 3 （中国载人航天火箭）、图 1 - 4 （中国载人航天火箭升空）] 焊接 "心脏" ——发动机喷管. 有的实验需要在高温下持续操作，焊件表面温度 达到几百摄氏度，高凤林咬牙坚持，双手被烤得鼓起一串串水疱. 高凤林用 35 年的坚守，诠释了一个航天匠人对理想信念的执着追求.

图 1 - 3

图 1 - 4

极致：焊点宽 0.16 mm，管壁厚 0.33 mm

38 万 km，是 "嫦娥三号" 从地球到月球的距离；0.16 mm，是火箭发动机上一个 焊点的宽度；0.1 s，是完成焊接允许的时间误差. 在中国航天领域，高凤林的工作没有几个人能做,他给火箭焊"心脏",是火箭发动机喷管焊接第一人.

如今,高凤林又在挑战一个新的极限——为我国正在研制的新一代"长征五号"大运载火箭焊接发动机.焊接这个手艺看似简单,但在航天领域,每一个焊接点的位置、角度、轻重,都需要经过缜密思考."长征五号"大运载火箭发动机的喷管上有数百根管径几毫米的空心管线,管壁的厚度只有 0.33 mm,高凤林需要通过 3 万多次精密的焊接操作,才能把它们编织在一起,焊缝细到接近头发丝,而长度相当于绕一个标准足球场两周.

专注:为避免失误,练习 10 分钟不眨眼

高凤林说:"在焊接时得紧盯着微小的焊缝,一眨眼就会有闪失.如果这道工序需要 10 分钟不眨眼,那就必须 10 分钟不眨眼."

高凤林的专注来自刚入行时的勤学苦练,航天制造要求零失误,这一切都需要从扎实的基本功开始.火箭发动机喷管被称为火箭的心脏,对于焊接工作来说,小小的瑕疵就可能导致一场灾难.因此,焊接不仅需要高超的技术,更需要细致严谨的工作态度.

动作不对,呼吸太重,焊接就不均匀.从姿势到呼吸,高凤林从作学徒起就接受最严苛的训练.戴上焊接面罩,这只是一个普通的操作动作,但是对高凤林来说,却是进入工作状态的仪式.

坚守:35 年焊接 130 多枚火箭的发动机喷管

每有新型火箭型号诞生,对高凤林来说,都要面临一次技术攻关.最难的一次,高凤林泡在车间,整整一个月几乎没眼.高凤林说,他的时间 80% 给工作,15% 给学习,留给家庭的只有 5%.只要有时间,他就会陪老人、陪孩子.

高凤林技艺高超,很多企业试图用高薪聘请他,甚至有人开出几倍工资加两套北京住房的诱人条件.高凤林说:"诱惑还是比较巨大的,你说谁能不心动?"妻子也劝他,说:"给房子给车,你就去呗."但高凤林最后还是拒绝了.

高凤林说:"每每看到我们生产的发动机把卫星送到太空,就有一种成功的自豪感,这种自豪感用金钱买不到."

正是这份自豪感,让高凤林一直坚守在中国航天领域.35 年,130 多枚"长征"系列运载火箭在他焊接的发动机的助推下,成功飞向太空.这个数字,占我国发射

"长征"系列火箭总数的一半以上.

匠心：用专注和坚守创造不可能

火箭的研制离不开众多院士、教授、高工，但火箭从蓝图落到实物，靠的是一个个焊接点的累积，靠的是一位位普通工人的咫尺匠心.

每天，高凤林都是最后一个下班，离开工位前，他都会回头看一看. 那些摆放在工位上的元件金光闪闪，就像艺术品，很完美. "它们是我们的'金娃娃'，是我们生产的东西."高凤林说.

专注做一件事，创造别人认为不可能的可能，高凤林用 35 年的坚守，诠释了一个航天匠人对理想信念的执着追求.

高凤林说，火箭发射成功后的自豪和满足引领他一路前行，成就了他对人生价值的追求，他也见证了中国走向航天强国的辉煌历程.

数学文化阅读与欣赏

——为什么说$\sqrt{2}$不是有理数

公元前 6 世纪的毕达哥拉斯学派有一种观点——"万物皆数"，即一切量都可以用整数或整数的比（分数）表示.

毕达哥拉斯（图 1 – 5）有一个学生叫作希帕索斯（Hippasus），希帕索斯在研究正方形时发现：如果正方形的边长是 1，根据勾股定理，它的对角线的长度就是$\sqrt{2}$，而$\sqrt{2}$并不能用整数或整数的比来表示，即$\sqrt{2}$不是有理数，这与毕达哥拉斯学派的"万物皆数"观点矛盾，希帕索斯的研究发现当时曾经被毕达哥拉斯学派无情地封杀，由此引发了第一次数学危机.

随着人们认识的不断深入，毕达哥拉斯学派逐渐承认$\sqrt{2}$不是有理数，并给出了证明，下面给出欧基里得《原本》中的证明方法.

假设$\sqrt{2}$是有理数，那么存在两个互质的

毕达哥拉斯（Pythagoras，约公元前580年—约公元前500年），古希腊数学家，毕达哥拉斯学派的主要代表人物.

图 1 – 5

正整数 p，q，使得

$$\sqrt{2} = \frac{p}{q},$$

于是

$$p = \sqrt{2}q,$$

两边平方得

$$p^2 = 2q^2.$$

由 $2q^2$ 是偶数，可得 p^2 是偶数，而只有偶数的平方才是偶数，所以 p 也是偶数.

因此，可设 $p = 2s$，代入上式，得 $4s^2 = 2q^2$，即

$$q^2 = 2s^2,$$

所以 q 也是偶数. 这样 p 和 q 都是偶数，不互质，这与假设 p，q 互质矛盾.

这个矛盾说明，$\sqrt{2}$ 不能写成分数的形式，即 $\sqrt{2}$ 不是有理数. 实际上，$\sqrt{2}$ 是无限不循环小数.

事实上，无理数只是一种命名，并非"无理"，而是实际存在的不能写成分数形式的数，它和有理数一样，都是现实世界中客观存在的量的反映.

第2章 线性方程组及其解法

【名人名言】

新的数学方法和概念，常常比解决数学问题本身更重要.

——华罗庚

【本章导学】

线性方程组的研究起源于中国古代. 我国古代学者很早就开始对一次方程组进行研究，其中不少成果被收入古代数学著作《九章算术》，《九章算术》的"方程"章中有许多关于一次方程组的内容，对线性方程组有详细的介绍和研究. 公元 263 年，刘徽撰写了《九章算术注》一书，创立了方程组的"互乘相消法"，为《九章算术》中解方程组增加了新的内容. 公元 1247 年，秦九韶在其所著的《数书九章》中，将解方程组的"直除法"改进为"互乘法". 在西方，线性方程组的研究是在 17 世纪由莱布尼茨率先开创的. 1729 年，麦克劳林首次利用行列式解出了含有 2，3，4 个未知数的线性方程组. 1750 年，克莱姆用他创立的克莱姆法则解出了含有 5 个未知数、5 个方程的线性方程组，1764 年，法国数学家裴蜀研究了含有 n 个未知数、n 个方程的齐次线性方程组的求解问题，并给出了齐次线性方程组有非零解的条件. 1867 年，道奇森发表了《行列式初等理论》一书，证明了含有 n 个未知数、m 个方程的一般线性方程组有解的充要条件是系数矩阵和增广矩阵的秩相等.

随着科技的发展，线性方程组已广泛运用到生产、生活的各个领域. 本章主要介绍二元、三元线性方程组及其解法.

【学习目标】

能力目标：会解三元及以下的线性方程组；能运用线性方程组的解法解决简单的实际问题和进行电路网孔电流的计算.

知识目标：了解线性方程组的有关概念；掌握线性方程组求解的方法.

素质目标：培养学生观察、发现、分析及解决实际问题或专业问题的能力.

2.1 二元、三元线性方程组及其解法

一、学习目标

能力目标：会解二元、三元线性方程组；能运用线性方程组的解法解决简单的实际问题和进行电路网孔电流的计算.

知识目标：了解二元、三元线性方程组的有关概念；掌握二元、三元线性方程组的求解方法.

二、知识链接

知识点1：二元一次方程组

1. 二元一次方程

观察下面两个方程

$$x_1 + x_2 = 10, \qquad (1)$$

$$2x_1 + x_2 = 16. \qquad (2)$$

可以看出，上面两个方程中，每个方程都含有两个未知数（x_1 和 x_2），并且含有未知数的项的次数都是1，像这样的方程叫作二元一次方程.

把这两个方程合在一起，写成

$$\begin{cases} x_1 + x_2 = 10 & (3) \\ 2x_1 + x_2 = 16 & (4) \end{cases}$$

就组成了一个方程组. 这个方程组中有两个未知数，并且含有每个未知数的项的次数都是1，像这样的方程组叫作二元一次方程组.

一般地，把具有以下形式的方程组

$$\begin{cases} a_{11}x_1 + a_{12}x_2 = b_1 & (5) \\ a_{21}x_1 + a_{22}x_2 = b_2 & (6) \end{cases}$$

称为二元一次方程组（其中 a_{11}，a_{12}，a_{21}，a_{22}，b_1，b_2 都是常数）.

2. 二元一次方程组的解

我们发现，把 $x_1 = 6$，$x_2 = 4$ 代入方程（3）、（4），都满足这两个方程，也就是说，$x_1 = 6$，$x_2 = 4$ 是方程（3）、（4）的公共解，把 $x_1 = 6$，$x_2 = 4$ 叫作方程组

$$\begin{cases} x_1 + x_2 = 10 & (3) \\ 2x_1 + x_2 = 16 & (4) \end{cases}$$

的解，这个解通常记作

$$\begin{cases} x_1 = 6 \\ x_2 = 4 \end{cases}.$$

一般地，二元一次方程组（其中 a_{11}，a_{12}，a_{21}，a_{22}，b_1，b_2 都是常数）

$$\begin{cases} a_{11}x_1 + a_{12}x_2 = b_1 & (5) \\ a_{21}x_1 + a_{22}x_2 = b_2 & (6) \end{cases}$$

中两个方程（5）、（6）的公共解，叫作二元一次方程组的解.

3. 二元一次方程组的解法

1）代入消元法

二元一次方程组

$$\begin{cases} x_1 + x_2 = 10 & (3) \\ 2x_1 + x_2 = 16 & (4) \end{cases}$$

中，方程（3）可以写为

$$x_2 = 10 - x_1.$$

把方程（4）中的 x_2 换为 $10 - x_1$，这个方程就化为一元一次方程

$$2x_1 + (10 - x_1) = 16.$$

解该方程，得 $x_1 = 6$，把 $x_1 = 6$ 代入 $x_2 = 10 - x_1$ 得 $x_2 = 4$，从而得到这个二元一次方程组的解为

$$\begin{cases} x_1 = 6 \\ x_2 = 4 \end{cases}.$$

像这样，把二元一次方程组中一个方程的一个未知数用含另一个未知数的式子表示，再代入另一个方程，从而消去其中一个未知数，把二元一次方程变为一元一次方程，进而求出这个未知数的值，然后再求出另一个未知数的值，最终求得这个二元一

次方程组的解的方法，叫作代入消元法.

2）加减消元法

观察方程组

$$\begin{cases} x_1 + x_2 = 10 & (3) \\ 2x_1 + x_2 = 16 & (4) \end{cases}$$

可以发现，方程（3）和（4）中，未知数 x_2 的系数相同，方程（4）－方程（3）可消去未知数 x_2，得 $x_1 = 6$，把 $x_1 = 6$ 代入方程（3）得 $x_2 = 4$，从而得到这个二元一次方程组的解为

$$\begin{cases} x_1 = 6 \\ x_2 = 4 \end{cases}.$$

像这样，当二元一次方程组的两个方程中同一未知数的系数相同（或相反）时，把这两个方程的两边分别相减（或相加），就能消去这个未知数，把二元一次方程变为一元一次方程，进而求出这个未知数的值，然后再求出另一个未知数的值，最终求得这个二元一次方程组的解的方法，叫作加减消元法.

知识点 2：三元一次方程组

1. 三元一次方程组的概念

前面介绍了二元一次方程组的概念及其解法，在实际中，有不少问题可能含有更多未知数，如以下问题.

小明手里有 12 张面额分别为 1 元、2 元、5 元的人民币，总金额为 22 元，其中 1 元人民币的数量是 2 元人民币数量的 4 倍，求 1 元、2 元、5 元的人民币各有多少张.

可以设 1 元、2 元、5 元的人民币分别有 x 张、y 张、z 张，依题意，可得到以下 3 个方程：

$$x + y + z = 12,$$
$$x + 2y + 5z = 22,$$
$$x = 4y.$$

这个问题的解必须同时满足上面 3 个条件，因此，把这 3 个方程合在一起，写成

$$\begin{cases} x + y + z = 12 \\ x + 2y + 5z = 22. \\ x = 4y \end{cases}$$

这个方程组含有 3 个未知数，每个方程中含有未知数的项的次数都是 1，并且一共有 3 个方程，像这样的方程组叫作三元一次方程组.

一般地，把具有以下形式的方程组

$$\begin{cases} a_{11}x_1 + a_{12}x_2 + a_{13}x_3 = b_1 \\ a_{21}x_1 + a_{22}x_2 + a_{23}x_3 = b_2 \\ a_{31}x_1 + a_{32}x_2 + a_{33}x_3 = b_3 \end{cases}$$

称为三元一次方程组（其中 a_{11}，a_{12}，a_{13}，a_{21}，a_{22}，a_{23}，a_{31}，a_{32}，a_{33}，b_1，b_2，b_3 都是常数）.

2. 三元一次方程组的解法

我们知道，二元一次方程组可以用代入消元法或加减消元法（简称消元法）进行求解，类似的，三元一次方程组也可用消元法求解.

解三元一次方程组的基本思路：通过"代入"或"加减"进行消元，把"三元"化为"二元"，使解三元一次方程组转化为解二元一次方程组，进而再转化为解一元一次方程. 其与解二元一次方程组的思路完全相同，具体可用图 2-1 表示.

$$\boxed{三元一次方程组} \xrightarrow{\text{消元}} \boxed{二元一次方程组} \xrightarrow{\text{消元}} \boxed{一元一次方程}$$

图 2-1

能力训练 2-1-1 用代入消元法解方程组

$$\begin{cases} 2y - 3x = 1 \\ x = y - 1 \end{cases}.$$

解 设 $\begin{cases} 2y - 3x = 1 & (1) \\ x = y - 1 & (2) \end{cases}$，把方程（2）代入方程（1）得

$$2y - 3(y - 1) = 1,$$

$$2y - 3y + 3 = 1,$$

所以 $y = 2$.

把 $y = 2$ 代入方程（2）得 $x = 1$.

所以，方程组的解为

$$\begin{cases} x = 1 \\ y = 2 \end{cases}.$$

能力训练 2－1－2 用代入消元法解方程组

$$\begin{cases} 2x + 3y = 16 \\ x + 4y = 13 \end{cases}.$$

解 设 $\begin{cases} 2x + 3y = 16 & (1) \\ x + 4y = 13 & (2) \end{cases}$, 由方程（2）得

$$x = 13 - 4y \quad (3)$$

把方程（3）代入方程（1）得

$$2(13 - 4y) + 3y = 16,$$

$$26 - 8y + 3y = 16,$$

所以 $y = 2$.

把 $y = 2$ 代入方程（3）得 $x = 5$.

所以，方程组的解为

$$\begin{cases} x = 5 \\ y = 2 \end{cases}.$$

能力训练 2－1－3 用加减消元法解方程组

$$\begin{cases} 2x - 5y = 7 \\ 2x + 3y = -1 \end{cases}.$$

解 设 $\begin{cases} 2x - 5y = 7 & (1) \\ 2x + 3y = -1 & (2) \end{cases}$, 由方程（2）－方程（1）得

$$8y = -8 \quad (3)$$

所以 $y = -1$.

把 $y = -1$ 代入方程（1）得 $x = 1$.

所以，方程组的解为

$$\begin{cases} x = 1 \\ y = -1 \end{cases}.$$

能力训练 2－1－4 解二元一次方程组

$$\begin{cases} 3x + 4y = 16 \\ 5x - 6y = 33 \end{cases}.$$

解　设 $\begin{cases} 3x+4y=16 & (1) \\ 5x-6y=33 & (2) \end{cases}$.

方程（1）×3 得

$$9x+12y=48. \quad (3)$$

方程（2）×2 得

$$10x-12y=66. \quad (4)$$

由方程（3）+方程（4）得

$$19x=114,$$

所以 $x=6$.

把 $x=6$ 代入方程（1）得

$$y=-\frac{1}{2}.$$

所以，方程组的解为

$$\begin{cases} x=6 \\ y=-\dfrac{1}{2} \end{cases}.$$

能力训练 2-1-5　解三元一次方程组

$$\begin{cases} x+y+z=2 \\ x-y+z=0. \\ x-z=4 \end{cases}$$

解　设 $\begin{cases} x+y+z=2 & (1) \\ x-y+z=0 & (2) \\ x-z=4 & (3) \end{cases}$.

方程（1）+方程(2) 得

$$2x+2z=2.$$

化简得

$$x+z=1. \quad (4)$$

由方程（3）和方程（4）组成二元一次方程组 $\begin{cases} x-z=4 & (3) \\ x+z=1 & (4) \end{cases}$

方程（3）+ 方程（4）得

$$2x = 5.$$

所以 $x = \dfrac{5}{2}$.

把 $x = \dfrac{5}{2}$ 代入方程（4）得

$$z = -\dfrac{3}{2}.$$

把 $x = \dfrac{5}{2}$，$z = -\dfrac{3}{2}$ 代入方程（1）得

$$y = 1.$$

所以，原方程组的解为

$$\begin{cases} x = \dfrac{5}{2} \\ y = -\dfrac{3}{2} \\ z = 1 \end{cases}.$$

三、专业（或实际）应用案例

案例 2 - 1 - 1 电路如图 2 - 2 所示，试求各网孔电流.

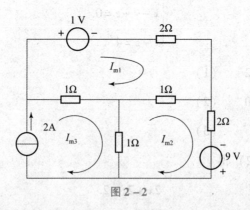

图 2 - 2

解 设各网孔电流及参考方向如图 2 - 2 所示. 由于 2 A 电流源在电路的边界支路上，即 $I_{m3} = 2$ A，所以此电路只需列出两个网孔电流方程，即

$$\begin{cases} (2+1+1)I_{m1} - I_{m2} - 1 \times 2 = -1 \\ -I_{m1} + (1+1+2)I_{m2} - 1 \times 2 = 9 \end{cases}.$$

整理得

$$\begin{cases} 4I_{m1} - I_{m2} = 1 \\ -I_{m1} + 4I_{m2} = 11 \end{cases}.$$

这是一个关于网孔电流 I_{m1}，I_{m2} 的二元一次方程组，用解二元一次方程组的方法即可求出各网孔电流的值.

设 $\begin{cases} 4I_{m1} - I_{m2} = 1 \quad (1) \\ -I_{m1} + 4I_{m2} = 11 \quad (2) \end{cases}.$

方程（1）×4 得

$$16I_{m1} - 4I_{m2} = 4. \quad (3)$$

由方程（2）+ 方程（3）得

$$15I_{m1} = 15.$$

所以 $I_{m1} = 1$.

把 $I_{m1} = 1$ 代入方程（1）得 $I_{m2} = 3$.

所以，方程组的解为

$$I_{m1} = 1 \text{ A}, \ I_{m2} = 3 \text{ A}, \ I_{m3} = 2 \text{ A}.$$

大国工匠：高铁上的中国精度

宁允展是南车青岛四方机车车辆股份有限公司的车辆钳工、高级技师、高铁（图 2-3）首席研磨师. 他是国内第一位从事高铁转向架"定位臂"

图 2-3

研磨的工人，也是这道工序最高技能水平的代表．他研磨的定位臂已经创造了连续 10 年无次品的纪录．他和他的团队研磨的转向架安装在 673 列高速动车组，奔驰 9 亿多千米，相当于绕地球 2 万多圈．

转向架是高速动车组九大关键技术之一，转向架上有个"定位臂"，是关键中的关键．高速动车组在运行时速达 200 多千米的情况下，定位臂和轮对节点必须有 75% 以上的接触面间隙小于 0.05 mm，否则会直接影响行车安全．宁允展的工作就是确保这个间隙小于 0.05 mm．他的"风动砂轮纯手工研磨操作法"将研磨效率提高了 1 倍多，接触面的贴合率也从原来的 75% 提高到 90% 以上．他发明的"精加工表面缺陷焊修方法"，修复精度最高可达到 0.01 mm，相当于一根细头发丝的 1/5．他执着于创新研究，主持了多项课题攻关，发明了多种工装，其中有 2 项通过专利审查，获得了国家专利，每年为公司节约创效近 300 万元．

一心一意做手艺，扎根一线 24 年，宁允展与很多人有不同的追求："我不是完人，但我的产品一定是完美的．为了做到这一点，需要一辈子踏踏实实做手艺．"

同学们，我们要向宁允展学习精益求精的工匠精神．

课后能力训练 2.1

1. 解下列二元一次方程组．

(1) $\begin{cases} 3x + 2y = 8 \\ y = 2x - 3 \end{cases}$；　　(2) $\begin{cases} 2x - y = 5 \\ 3x + 4y = 2 \end{cases}$；　　(3) $\begin{cases} 2u + 2t = 7 \\ 6u - 2t = 11 \end{cases}$；

(4) $\begin{cases} 2i + t = 3 \\ 3i + t = 4 \end{cases}$；　　(5) $\begin{cases} 2R - 5t = -3 \\ -4R + t = -3 \end{cases}$；　　(6) $\begin{cases} 3s - t = 5 \\ 5s + 2t = 15 \end{cases}$．

2. 解下列三元一次方程组．

(1) $\begin{cases} y = 2x - 7 \\ 5x + 3y + 2z = 2; \\ 3x - 4z = 4 \end{cases}$　　(2) $\begin{cases} 4x_1 + 9x_2 = 12 \\ 3x_2 - 2x_3 = 1; \\ 7x_1 + x_3 = \dfrac{19}{4} \end{cases}$

$$(3)\begin{cases}4x_1 - 9x_3 = 17 \\ 3x_1 + x_2 + 15x_3 = 18; \\ x_1 + 2x_2 + 3x_3 = 2\end{cases} \qquad (4)\begin{cases}3u + 4t = 7 \\ 2u + 3i + t = 9 \\ 5u - 9i + 7t = 8\end{cases}.$$

3. 我国古代数学著作《孙子算经》中有"鸡兔同笼"问题："今有鸡兔同笼，上有三十五头，下有九十四足，问鸡兔各几何." 你能用二元一次方程组表示题中的数量关系吗？试求出问题的解.

4. 如图 2 – 4 所示，已知 $E_1 = 18$ V，$E_2 = 9$ V，$R_1 = R_2 = 1\Omega$，$R_3 = 4\Omega$，试用支路电流法求各支路的电流.

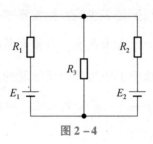

图 2 – 4

5. 一条船顺流航行，每小时行驶 20 km；逆流航行，每小时行驶 16 km，求轮船在静水中的速度与水的流速.

6. 运输 360 t 化肥，装载了 6 节火车车厢和 15 辆汽车；运输 440 t 化肥，装载了 8 节火车车厢和 10 辆汽车，问每节火车车厢与每辆汽车平均各装多少 t 化肥？

7. 小明手头有 12 张面额分别为 10 元、20 元、50 元的纸币，共计 220 元，其中 10 元纸币的数量是 20 元纸币数量的 4 倍，问 10 元、20 元、50 元纸币各有多少张？

数学文化阅读与欣赏

——数学悖论与三次数学危机

从哲学上来看，矛盾是无处不存在的. 数学中也有大大小小的许多矛盾，如正与负、加与减、微分与积分、有理数与无理数、实数与虚数等. 在整个数学的发展过程中，还有许多深刻的矛盾，如有穷与无穷、连续与离散、存在与构造、逻辑与直观、具体对象与抽象对象、概念与计算等.

矛盾的斗争与解决贯穿整个数学史. 当矛盾激化到涉及整个数学的基础时，就会产生数学危机，而数学危机的解决，往往能给数学带来新的内容、新的发展，甚至引起革命性的变革. 下面介绍数学悖论与三次数学危机.

一、希帕索斯悖论与第一次数学危机

希帕索斯悖论的提出与勾股定理的发现密切相关. 勾股定理是欧氏几何中最著名的定理之一，它在数学与人类的实践活动中有着极其广泛的应用，同时也是人类最早认识到的平面几何定理之一. 在西方，最早证明勾股定理的是古希腊的毕达哥拉斯，因此国外一般称之为"毕达哥拉斯定理". 毕达哥拉斯是公元前 5 世纪古希腊的著名数学家与哲学家，他提出"万物皆数""一切数均可表示成整数或整数之比"，这些观点成为其所在学派的数学信仰. 后来，该学派中的一个成员希帕索斯提出了一个问题：边长为 1 的正方形，其对角线长度是多少呢？他发现这一长度既不能用整数表示，也不能用分数表示，而只能用一个新数来表示. 希帕索斯的发现导致数学史上第一个无理数 $\sqrt{2}$ 的诞生. $\sqrt{2}$ 的出现直接动摇了毕达哥拉斯学派的数学信仰，与人们的认识发生了冲突. 更糟糕的是，面对该冲突，人们毫无办法，由此引发了西方数学史上的一场大风波，史称"第一次数学危机".

200 年后，才华横溢的欧多克索斯建立了一套完整的比例论，他借助几何方法，避免无理数的直接出现，但保留了与之相关的一些结论，从而解决了由无理数引起的数学危机. 在这种方法下，无理数的使用只有在几何中是允许的、合法的，在代数中是非法的、不合逻辑的，或者说无理数只被当作附在几何量上的单纯符号，而不被当作真正的数. 直到 18 世纪，当数学家证明了某些基本常数（如圆周率）是无理数时，认为无理数存在的人才多了起来. 19 世纪下半叶，现代意义的实数理论建立后，无理数的本质被彻底弄清楚，并在数学园地中扎下了根，在数学中确立了合法地位，这一方面使人类对数的认识从有理数拓展到了实数，另一方面也真正彻底、圆满地解决了第一次数学危机.

二、贝克莱悖论与第二次数学危机

17 世纪，牛顿和莱布尼茨创立了微积分，他们的理论都建立在无穷小量之上，但他们对无穷小量的理解与运用却是混乱的. 因此，微积分诞生时遭到了一些人的反对与攻击，其中攻击最猛烈的是英国大主教贝克莱. 因为无穷小量在牛顿的理论中有时是零，有时又不是零，所以贝克莱嘲笑无穷小量是"已死量的幽灵".

贝克莱的攻击虽是出于维护神学的目的，但却真正抓住了牛顿理论中的缺陷，切

中了要害．数学史上把贝克莱的问题称为"贝克莱悖论"，其可以表述为"无穷小量究竟是否为零？"．在当时的实际应用中，它必须既是零，又不是零，这从逻辑上讲无疑是一个矛盾．这一问题的提出在当时的数学界引起了一定的混乱，由此引发了第二次数危机．针对贝克莱的攻击，牛顿与莱布尼茨曾试图通过完善自己的理论来解决，但都没有获得成功，这使数学家们陷入了尴尬的境地．微积分一方面在应用中大获成功，另一方面却存在逻辑问题．在这种情况下，如何对微积分进行取舍呢？

过了一个多世纪，经过众多数学家（如达朗贝尔、拉格朗日、傅里叶、伯努利家族、拉普拉斯、欧拉等）的努力，微积分理论获得了空前丰富，18 世纪甚至被称为"分析的世纪"，然而，与此同时，不严密的工作也导致谬误和矛盾越来越多．例如，有人认为无穷级数 $S = (1-1) + (1-1) + \cdots = 0$，也有人认为 $S = 1 + (-1+1) + (-1+1) + \cdots = 1$，那么岂非 $0 = 1$？这一矛盾使傅里叶困惑不解，甚至使欧拉在此犯下错误，他得到 $1 + x + x^2 + x^3 + \cdots = \dfrac{1}{1-x}$ 后，令 $x = -1$，得出 $S = 1 - 1 + 1 - 1 + \cdots = \dfrac{1}{2}$．

由此不难看出当时的数学理论出现了很多问题，尤其到 19 世纪初，傅里叶提出的理论直接导致数学的逻辑问题彻底暴露．在这种情况下，消除问题、把分析建立在逻辑之上成为数学家们迫在眉睫的任务．

后来，系统和严密的理论逐渐健全．其中，迈出第一大步的是法国数学家柯西．柯西于 1821 年出版了几本具有划时代意义的书，并发表了论文．柯西给出了一系列基本概念的严格定义，他用不等式来刻画极限，使无穷的运算化为一系列不等式的推导．后来，德国数学家魏尔斯特拉斯对此进行了完善．另外，在柯西的努力下，连续、导数、微分、积分、无穷级数的和等概念也建立在较坚实的基础上．不过，在当时的情况下，由于实数的严格理论并未建立，所以柯西的极限理论还不完善．

柯西之后，魏尔斯特拉斯、戴德金、康托尔经过独立深入的研究，各自建立了完整的实数体系．经过许多杰出学者的努力，微积分学重新建立，并有坚实牢固的基础，由此暂时结束了数学中的混乱局面，也使第二次数学危机被彻底解决．

三、罗素悖论与第三次数学危机

19 世纪下半叶，康托尔创立了著名的集合论，他将所有不是自身元素的集合构成一个集合．起初，集合论遭到许多人的猛烈攻击，但不久之后这一开创性成果就被广大数学家所接受，并获得高度赞誉．数学家们发现，从自然数与集合论出发可建立整个数学大厦，一切数学成果均可建立在集合论的基础上，这一发现使数学家们为之陶醉．

可是好景不长，1903 年，罗素提出：集合论是有漏洞的！他构造了一个集合 S，S 由一切不是自身元素的集合所组成，然后罗素问 S 是否属于 S 呢？如果 S 属于 S，根据 S 的定义，S 就不属于 S；反之，如果 S 不属于 S，同样 S 的根据定义，S 就属于 S，其无论如何都是矛盾的，这就是罗素悖论．罗素悖论一提出就在当时的数学界与逻辑学界引起了极大的轰动，由此引发了第三次数学危机．

危机产生后，数学家纷纷提出自己的解决方案．人们希望能够通过对康托尔的集合论进行改造，通过对集合定义加以限制来排除悖论，这就需要建立新的原则．这些原则一方面必须足够狭窄，以保证排除一切矛盾；另一方面又必须充分广阔，使康托尔集合论中一切有价值的内容得以保存．后来，一些数学家（如策梅罗、诺伊曼）建立了集合论的公理系统，在很大程度上弥补了康托尔朴素集合论的缺陷，避免了罗素悖论，从而比较圆满地解决了第三次数学危机．

从以上三次数学危机中，不难看出数学悖论在推动数学发展中发挥了巨大作用．有人说："提出问题就解决了问题的一半."悖论的出现促使数学家投入最大的热情去解决，在解决悖论的过程中，各种理论应运而生，数学也由此获得蓬勃发展．

第3章　一元二次方程及其解法

【名人名言】

数学是人类智慧皇冠上最灿烂的明珠.

——考特

【本章导学】

一元二次方程是刻画现实世界中某些数量关系的有效数学模型. 本章主要介绍一元二次方程的概念以及它的 3 种解法：配方法、公式法和因式分解法. 一般的，配方法是推导一元二次方程求根公式的工具. 掌握了公式法，就可以直接用公式求一元二次方程的根. 当然，也要根据方程的特点选择适当的解法，配方法是一种重要的、应用广泛的数学方法.

【学习目标】

能力目标：了解一元二次方程的一般形式，会辨别一元二次方程的二次项系数、一次项系数和常数项；会用直接开平方法、配方法、公式法、因式分解法解一元二次方程；能用一元二次方程的根的判别式判别方程的根的情况；会用一元二次方程解决简单的实际问题.

知识目标：理解一元二次方程的概念；理解用直接开平方法、配方法、公式法、因式分解法解一元二次方程的方法.

素质目标：培养分工合作、独立完成任务的能力；养成系统分析问题、解决问题的能力.

3.1　一元二次方程

一、学习目标

能力目标：了解一元二次方程的一般形式，会辨别一元二次方程的二次项系数、一次项系数和常数项.

知识目标：理解一元二次方程的概念.

二、知识链接

正方形桌面的面积是 2 m^2，设正方形桌面的边长是 x m，可以用方程

$$x^2 = 2$$

来描述该桌面的边长与面积之间的数量关系.

如图 3-1 所示，矩形花圃一面靠墙，另外三面所围栅栏的总长度是 19 m，花圃的面积是 24 m^2. 设花圃的宽是 x m，则花圃的长是 $(19-2x)$ m，可以用方程

$$x(19-2x) = 24$$

来描述该花圃的宽与面积之间的数量关系.

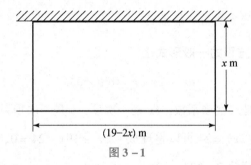

图 3-1

某校图书馆的藏书在两年内从 5 万册增加到 9.8 万册. 设图书馆的藏书平均每年增长的百分率是 x，图书馆的藏书一年后为 $5(1+x)$ 万册，两年后为 $[5(1+x)](1+x)$ 万册，可以用方程

$$5(1+x)^2 = 9.8$$

来描述该图书馆藏书年平均增长的百分率与藏书量之间的数量关系.

如图 3-2 所示，长 10 m 的梯子斜靠在墙上，梯子的顶端距地面的垂直距离为 8 m. 如果梯子的顶端下滑 1 m，那么梯子的底端滑动多少 m？

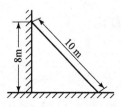

图 3-2

如果设梯子底端滑动 x m，可以用方程

$$(x+6)^2 + 7^2 = 10^2$$

来描述滑动前梯子底端距墙的距离与梯子顶端距地面的距离的数量关系.

方程 $x^2 = 2$，$x(19-2x) = 24$，$5(1+x)^2 = 9.8$，$(x+6)^2 + 7^2 = 10^2$ 有哪些共同的特征？

知识点 1：一元二次方程的概念

方程 $x^2 = 2$，$x(19-2x) = 24$，$5(1+x)^2 = 9.8$，$(x+6)^2 + 7^2 = 10^2$ 都只含有一个未知数，并且未知数的最高次数是 2，像这样的方程叫作**一元二次方程**（quadratic equation with one unknown）.

知识点 2：一元二次方程的一般形式

关于 x 的**一元二次方程的一般形式**是

$$ax^2 + bx + c = 0 \, (a \neq 0). \tag{3-1-1}$$

其中 ax^2 是二次项，a 是二次项系数；bx 是一次项，b 是一次项系数；c 是常数项.

例如，方程 $x(19-2x) = 24$ 可以整理成 $-2x^2 + 19x - 24 = 0$，它的二次项系数、一次项系数和常数项分别为 -2，19，-24.

知识点 3：一元二次方程的根

使方程左、右两边相等的未知数的值就是该一元二次方程的解，一元二次方程的解也叫作一元二次方程的**根**（root）.

能力训练 3-1-1 判断下列方程是不是一元二次方程？如果是，分别指出它们的各项系数和常数项.

(1) $2x(x-3) = 10$；

(2) $3m^2 + 2 = 2(2m+1)$；

(3) $x(3+x^2) + 1 = 5$；

(4) $3y - 5 = 4(2-y)$；

(5) $(2k-3)(k+5) = 7k$；

(6) $2x(x+3) = 6x$.

解 方程分别整理如下.

(1) $x^2 - 3x - 5 = 0$；

(2) $3m^2 - 4m = 0$；

(3) $x^3 + 3x - 4 = 0$；

(4) $7y - 13 = 0$；

(5) $2k^2 - 15 = 0$；

(6) $x^2 = 0$.

其中，(1)、(2)、(5)、(6) 都是一元二次方程，它们的二次项系数、一次项系

数和常数项分别是：（1）1，-3，-5；（2）3，-4，0；（5）2，0，-15；（6）1，0，0．

而（3）的最高次项的次数是 3，（4）的最高次项的次数是 1，它们都不是一元二次方程．

能力训练 3 – 1 – 2

已知一元二次方程 $2x^2 + bx + c = 0$ 的两个根为 $x_1 = \dfrac{5}{2}$ 和 $x_2 = -3$，求这个方程．

解 将 $x_1 = \dfrac{5}{2}$，$x_2 = -3$ 代入方程 $2x^2 + bx + c = 0$，得

$$\begin{cases} 2 \times \left(\dfrac{5}{2}\right)^2 + \dfrac{5}{2}b + c = 0 \\ 2 \times (-3)^2 + (-3)\,b + c = 0 \end{cases}.$$

解得 $\begin{cases} b = 1 \\ c = -15 \end{cases}.$

所以这个一元二次方程是 $2x^2 + x - 15 = 0$．

在写一元二次方程的一般形式时，通常按未知数的次数从高到低排列，即先写二次项，再写一次项，最后写常数项．

三、专业（或实际）应用案例

案例 3 – 1 – 1 在设计人体雕像时，使雕像的上部（腰以上）与下部（腰以下）的高度比，等于下部与全部（全身）的高度比，可以增加视觉美感．按此比例，如果雕像的高为 2 m，那么它的下部应设计为多高？

解 如图 3 – 3 所示，雕像的上部高度 AC 与下部高度 BC 应有如下关系：

$$AC : BC = BC : 2,$$

即 $BC^2 = 2AC$．

设雕像下部高度为 x m，可得方程 $x^2 = 2(2 - x)$，整理得

$$x^2 + 2x - 4 = 0.$$

图 3 – 3

案例 3 – 1 – 2 要组织一次排球邀请赛，参赛的每两个队之间都要

比赛一场．根据场地和时间等条件，赛程计划安排 7 天，每天安排 4 场比赛，比赛组织者应邀请多少个队参赛？

解 全部比赛的场数为 $4 \times 7 = 28$.

设应邀请 x 个队参赛，每个队要与其他 $(x-1)$ 个队各赛一场，因为甲队对乙队的比赛和乙队对甲队的比赛是同一场比赛，所以全部比赛共 $\frac{1}{2}x(x-1)$ 场．

列方程

$$\frac{1}{2}x(x-1) = 28.$$

整理，得

$$\frac{1}{2}x^2 - \frac{1}{2}x = 28.$$

化简，得

$$x^2 - x = 56$$

由方程 $x^2 - x = 56$ 可以得出参赛队数．

课后能力训练 3.1

1. 判断下列方程是否为一元二次方程．

（1）$10x^2 = 9$；

（2）$2(x-1) = 3x$；

（3）$2x^2 - 3x - 1 = 0$；

（4）$\frac{1}{x^2} - \frac{2}{x} = 0$.

2. 将下列方程化成一元二次方程的一般形式，并写出其中的二次项系数、一次项系数和常数项．

（1）$5x^2 - 1 = 4x$；

（2）$4x^2 = 81$；

（3）$4x(x+2) = 25$；

（4）$(3x-2)(x+1) = 8x - 3$.

3. 判断未知数的值 $x = -1$，$x = 0$，$x = 2$ 是否是方程 $x^2 - 2 = x$ 的根．

4. 根据下列问题，列出关于 x 的方程，并将所列方程化成一元二次方程的一般形式．

（1）4 个完全相同的正方形的面积之和是 25，求正方形的边长 x；

（2）一个矩形的长比宽大 2，面积是 100，求矩形的长 x；

（3）把长为 1 的木条分成 2 段，使较短一段的长与全长的积等于较长一段的长的平方，求较短一段的长 x.

3.2　一元二次方程的解法

一、学习目标

能力目标：会用直接开平方法、配方法、公式法、因式分解法解一元二次方程；能用一元二次方程的根的判别式判别方程的根的情况；会用一元二次方程解决简单的的实际问题.

知识目标：理解用直接开平方法、配方法、公式法、因式分解法解一元二次方程的方法.

二、知识链接

知识点 1：直接开平方法

对于一元二次方程 $x^2 = 2$，根据平方根的意义，x 是 2 的平方根，即 $x = \pm\sqrt{2}$.

于是，可知一元二次方程 $x^2 = 2$ 有两个根，它们分别为

$$x_1 = \sqrt{2}, \ x_2 = -\sqrt{2}.$$

一般地，对于形如 $x^2 = a$（$a \geqslant 0$）的方程，根据平方根的定义，可得 $x_1 = \sqrt{a}$，$x_2 = -\sqrt{a}$. 这种解一元二次方程的方法叫作**直接开平方法**.

能力训练 3 – 2 – 1　解下列方程.

（1）$x^2 - 4 = 0$；　　　　　　（2）$3x^2 - 48 = 0$.

解（1）移项，得

$$x^2 = 4.$$

因为 x 是 4 的平方根，所以

$$x = \pm 2,$$

即

$$x_1 = 2,\ x_2 = -2.$$

（2）移项，得

$$3x^2 = 48.$$

方程的两边同除以 3，得

$$x^2 = 16,$$

解得

$$x_1 = 4,\ x_2 = -4.$$

能力训练 3－2－2 解方程 $(x+1)^2 = 2$.

解 因为 $(x+1)$ 是 2 的平方根，所以

$$x + 1 = \pm\sqrt{2},$$

即

$$x_1 = -1 + \sqrt{2},\ x_2 = -1 - \sqrt{2}.$$

如果一个一元二次方程具有 $(x+h)^2 = k$（h，k 为常数，$k \geq 0$）的形式，那么就可以用直接开平方法求解．

知识点 2：配方法

如何解方程 $x^2 + 6x + 4 = 0$？

把常数项移到方程的右边，得

$$x^2 + 6x = -4,$$

即

$$x^2 + 2 \cdot x \cdot 3 = -4.$$

在方程的两边都加上一次项系数 6 的一半的平方，即 3^2 后，得

$$x^2 + 2 \cdot x \cdot 3 + 3^2 = -4 + 3^3.$$

整理，得

$$(x+3)^2 = 5.$$

解这个方程，得

$$x + 3 = \pm\sqrt{5},$$

所以

$$x_1 = -3 + \sqrt{5}, \ x_2 = -3 - \sqrt{5}.$$

把一个一元二次方程变形为 $(x + h)^2 = k$（h，k 为常数）的形式，当 $k \geqslant 0$ 时，就可以用直接开平方法求出方程的解，这种解一元二次方程的方法叫作**配方法**.

配方是为了直接运用平方根的意义，从而把一个一元二次方程转化为两个一元一次方程来求解.

能力训练 3 – 2 – 3 解下列方程.

（1）$x^2 - 4x + 3 = 0$；　　　　　　　（2）$x^2 + 3x - 1 = 0$.

解　（1）移项，得

$$x^2 - 4x = -3.$$

配方，得

$$x^2 - 2 \cdot x \cdot 2 + 2^2 = -3 + 2^2,$$

$$(x - 2)^2 = 1.$$

解这个方程，得

$$x - 2 = \pm 1,$$

所以

$$x_1 = 3, \ x_2 = 1.$$

（2）移项，得

$$x^2 + 3x = 1.$$

配方，得

$$x^2 + 2 \cdot x \cdot \frac{3}{2} + \left(\frac{3}{2}\right)^2 = 1 + \left(\frac{3}{2}\right)^2,$$

$$\left(x + \frac{3}{2}\right)^2 = \frac{13}{4}.$$

解这个方程，得

$$x + \frac{3}{2} = \pm \frac{\sqrt{13}}{2},$$

所以

$$x_1 = -\frac{3}{2} + \frac{\sqrt{13}}{2}, \ x_2 = -\frac{3}{2} - \frac{\sqrt{13}}{2}.$$

在对形如 $x^2 + px$ 的式子进行配方时，加上的一项应是 $\left(\dfrac{p}{2}\right)^2$，也就是加上的一项应是"原式一次项系数的一半的平方".

能力训练 3 – 2 – 4 解方程 $3x^2 + 8x - 3 = 0$.

解 方程两边同除以 3，得

$$x^2 + \frac{8}{3}x - 1 = 0.$$

移项，得

$$x^2 + \frac{8}{3}x = 1.$$

配方，得

$$x^2 + \frac{8}{3}x + \left(\frac{4}{3}\right)^2 = 1 + \left(\frac{4}{3}\right)^2,$$

$$\left(x + \frac{4}{3}\right)^2 = \frac{25}{9}.$$

两边开平方，得

$$x + \frac{4}{3} = \pm\frac{5}{3},$$

即

$$x + \frac{4}{3} = \frac{5}{3} \text{或} x + \frac{4}{3} = -\frac{5}{3},$$

所以

$$x_1 = \frac{1}{3}, \quad x_2 = -3.$$

知识点 3：公式法

运用配方法解一元二次方程时，对于每一个具体的方程，都重复使用了一些相同的计算步骤，这启发我们思考：能否对一般形式的一元二次方程

$$ax^2 + bx + c = 0 \quad (a \neq 0)$$

使用配方法，求出这个方程的根呢？

对于方程

$$ax^2 + bx + c = 0 (a \neq 0),$$

因为 $a \neq 0$，所以方程两边都除以 a，得

$$x^2 + \frac{b}{a}x + \frac{c}{a} = 0,$$

移项，得

$$x^2 + \frac{b}{a}x = -\frac{c}{a}.$$

配方，得

$$x^2 + 2 \cdot \frac{b}{2a} \cdot x + \left(\frac{b}{2a}\right)^2 = -\frac{c}{a} + \left(\frac{b}{2a}\right)^2,$$

$$\left(x + \frac{b}{2a}\right)^2 = \frac{b^2 - 4ac}{4a^2}. \qquad (3-2-1)$$

因为 $a \neq 0$，所以 $4a^2 > 0$．式子 $b^2 - 4ac$ 的值有以下 3 种情况．

（1）$b^2 - 4ac > 0$．

这时 $\dfrac{b^2 - 4ac}{4a^2} > 0$，由式（3-2-1）得

$$x + \frac{b}{2a} = \pm \frac{\sqrt{b^2 - 4ac}}{2a}.$$

方程有两个不相等的实数根

$$x_1 = \frac{-b + \sqrt{b^2 - 4ac}}{2a}, \quad x_2 = \frac{-b - \sqrt{b^2 - 4ac}}{2a}.$$

（2）$b^2 - 4ac = 0$．

这时 $\dfrac{b^2 - 4ac}{4a^2} = 0$，由式（3-2-1）可知，方程有两个相等的实数根

$$x_1 = x_2 = -\frac{b}{2a}.$$

（3）$b^2 - 4ac < 0$．

这时 $\dfrac{b^2 - 4ac}{4a^2} < 0$，由式（3-2-1）可知 $\left(x + \dfrac{b}{2a}\right)^2 < 0$，而 x 取任何实数都不能使

$\left(x + \dfrac{b}{2a}\right)^2 < 0$，因此方程无实数根．

一般地，式子 $b^2 - 4ac$ 叫作一元二次方程 $ax^2 + bx + c = 0$（$a \neq 0$）根的**判别式**，通常用希腊字母 "Δ" 表示它，即 $\Delta = b^2 - 4ac$．

归纳 对于一元二次方程 $ax^2 + bx + c = 0$ $(a \neq 0)$，有如下结论.

（1）当 $\Delta > 0$ 时，方程有两个不相等的实数根；

（2）当 $\Delta = 0$ 时，方程有两个相等的实数根；

（3）当 $\Delta < 0$ 时，方程没有实数根.

于是，一元二次方程 $ax^2 + bx + c = 0$ $(a \neq 0)$ 在 $b^2 - 4ac \geq 0$（即 $\Delta \geq 0$）的条件下，它的根为

$$x = \frac{-b \pm \sqrt{b^2 - 4ac}}{2a}. \qquad (3-2-2)$$

通常把式（3-2-2）叫作一元二次方程 $ax^2 + bx + c = 0$ $(a \neq 0)$ 的求根公式.

由求根公式可知，一元二次方程的根由方程的系数 a，b，c 决定，这也反映出一元二次方程的根与系数 a，b，c 之间的一个关系.

解一元二次方程时，把方程各项系数的值直接代入式（3-2-2）这个求根公式，若 $b^2 - 4ac \geq 0$ 就可以求得方程的根. 这种解一元二次方程的方法叫作公式法.

能力训练 3-2-5 解下列方程.

（1）$x^2 + 3x + 2 = 0$； （2）$2(x^2 - 2) = 7x$.

解 （1）由于 $a = 1$，$b = 3$，$c = 2$，所以

$$b^2 - 4ac = 3^2 - 4 \times 1 \times 2 = 1 > 0.$$

代入求根公式，得

$$x = \frac{-b \pm \sqrt{b^2 - 4ac}}{2a} = \frac{-3 \pm \sqrt{1}}{2 \times 1} = \frac{-3 \pm 1}{2},$$

所以，方程的根是

$$x_1 = -1, \quad x_2 = -2.$$

（2）把方程 $2(x^2 - 2) = 7x$ 化成一般形式，得

$$2x^2 - 7x - 4 = 0.$$

由于 $a = 2$，$b = -7$，$c = -4$，所以

$$b^2 - 4ac = (-7)^2 - 4 \times 2 \times (-4) = 81 > 0,$$

代入求根公式，得

$$x = \frac{-b \pm \sqrt{b^2 - 4ac}}{2a} = \frac{7 \pm \sqrt{81}}{2 \times 2} = \frac{7 \pm 9}{4},$$

所以，方程的根是

$$x_1 = 4, \quad x_2 = -\frac{1}{2}.$$

用公式法求一元二次方程的解时，应按照以下步骤进行.

（1）把方程整理为一般形式 $ax^2 + bx + c = 0$（$a \neq 0$），确定 a，b，c 的值；

（2）计算式子 $b^2 - 4ac$ 的值；

（3）当 $b^2 - 4ac \geq 0$ 时，把 a，b 和 $b^2 - 4ac$ 的值代入求根公式（3−2−2）计算，就可以求出方程的解.

能力训练 3−2−6　解下列方程.

（1）$x(x + 2\sqrt{3}) = 4$；　　　　（2）$2\left(x^2 - \frac{3}{2}\right) = 2(\sqrt{2}x - 2)$.

解　（1）整理原方程，得

$$x^2 + 2\sqrt{3}x - 4 = 0.$$

因为 $a = 1$，$b = 2\sqrt{3}$，$c = -4$，所以

$$b^2 - 4ac = (2\sqrt{3})^2 - 4 \times 1 \times (-4) = 28 > 0,$$

代入求根公式，得

$$x = \frac{-2\sqrt{3} \pm \sqrt{28}}{2 \times 1} = -\sqrt{3} \pm \sqrt{7},$$

所以，方程的解为

$$x_1 = -\sqrt{3} + \sqrt{7}, \quad x_2 = -\sqrt{3} - \sqrt{7}.$$

（2）原方程整理为

$$2x^2 - 2\sqrt{2}x + 1 = 0.$$

因为 $a = 2$，$b = -2\sqrt{2}$，$c = 1$，所以

$$b^2 - 4ac = (-2\sqrt{2})^2 - 4 \times 2 \times 1 = 0,$$

代入求根公式，得

$$x = \frac{-(-2\sqrt{2}) \pm \sqrt{0}}{2 \times 2} = \frac{2\sqrt{2}}{4} = \frac{\sqrt{2}}{2},$$

所以，方程的解为

$$x_1 = x_2 = \frac{\sqrt{2}}{2}.$$

知识点4：因式分解法

配方法和公式法是一元二次方程的一般解法，但是，某些特殊的一元二次方程除了可以用这些方法外求解外，还存在更简捷的特殊解法．

如何解方程 $x^2 - 3x = 0$？

方程 $x^2 - 3x = 0$ 可以化为

$$x(x-3) = 0.$$

由于 x 和 $(x-3)$ 的乘积为零时，只需 x 为零或 $(x-3)$ 为零，也就是

$$x = 0 \text{ 或 } x - 3 = 0,$$

于是，可得方程的解为

$$x_1 = 0, x_2 = 3.$$

这就是说，对于某些等号一边为零、另一边的代数式可以作因式分解的一元二次方程，都可以用这种方法来求解，这种方法称为**因式分解法**．

能力训练3-2-7 用因式分解法解下列方程．

（1）$x(x-5) = 3x$；　　　　　　　（2）$(x-3)^2 = 5(x-3)$；

（3）$x^2 - 10x + 24 = 0$．

解　（1）原方程可化为

$$x^2 - 8x = 0.$$

因式分解，得

$$x(x-8) = 0,$$

解得

$$x_1 = 0, \quad x_2 = 8.$$

（2）移项，得

$$(x-3)^2 - 5(x-3) = 0.$$

因式分解，得

$$(x-3)[(x-3)-5] = 0,$$
$$(x-3)(x-8) = 0,$$

所以

$$x_1 = 3, \quad x_2 = 8.$$

（3）因式分解，得

$$(x-4)(x-6)=0.$$

由此得

$$x-4=0 \text{ 或 } x-6=0,$$

解得

$$x_1=4, \quad x_2=6.$$

三、专业（或实际）应用案例

案例 3-2-1 有一个人患了流感，经过两轮传染后共有 121 个人患了流感，则每轮传染中平均一个人传染了几个人？

分析：开始有一个人患了流感，第一轮传染的传染源就是这个人，他传染了 x 个人，用代数式表示，第一轮传染后共有 $1+x$ 个人患了流感；在第二轮传染中，这些人中的每个人又传染了 x 个人，用代数式表示，第二轮传染后共有 $1+x+x(1+x)$ 个人患了流感.

解 设每轮传染中平均一个人传染了 x 个人. 根据题意，得

$$1+x+x(1+x)=121.$$

解方程，得

$$x_1=10, \quad x_1=-12 \text{ （不合题意，舍去）}.$$

答：每轮传染中平均一个人传染了 10 个人.

案例 3-2-2 某商场销售某种冰箱，每台冰箱的进货价为 2 500 元. 市场调研表明：当销售价为 2 900 元时，平均每天能售出 8 台；而销售价每降低 50 元时，平均每天就能多售出 4 台. 商场要想使这种冰箱的销售利润平均每天达到 5 000 元，每台冰箱的定价应为多少元？

分析：本题的主要等量关系是：

每台冰箱的销售利润×平均每天销售冰箱的数量 =5 000 元.

如果设每台冰箱降价 x 元，那么每台冰箱的定价就是（2 900 $-x$）元，每台冰箱的销售利润为（2 900 $-x$ -2 500）元，平均每天销售冰箱的数量为 $\left(8+4\times\dfrac{x}{50}\right)$ 台. 这样就可以列出一个方程，从而使问题得到解决.

解 设每台冰箱降价 x 元，根据题意，得

$$(2\,900 - x - 2\,500)\left(8 + 4 \times \frac{x}{50}\right) = 5\,000.$$

解这个方程，得

$$x_1 = x_2 = 150,$$

$$2\,900 - 150 = 2\,750.$$

答：每台冰箱应定价为 2 750 元.

案例 3 – 2 – 3 为了执行国家药品降价政策，给人民群众带来实惠，某药品经过两次降价，每瓶零售价由 100 元降为 81 元. 求平均每次降价的百分率.

分析 问题中涉及的等量关系是：

$$原价 \times (1 - 平均每次降价的百分率)^2 = 现行售价$$

解 设平均每次降价的百分率为 x，则根据等量关系得

$$100\,(1 - x)^2 = 81.$$

整理，得

$$(1 - x)^2 = 0.81,$$

解得

$$x_1 = 0.1 = 10\%, \quad x_2 = 1.9 \ （不符合题意，舍去）.$$

答：平均每次降价的百分率为 10%.

案例 3 – 2 – 4 龙湾风景区旅游信息如表 3 – 1 所示.

表 3 – 1

旅游人数	收费标准
不超过 30 人	人均收费 800 元
超过 30 人	每增加 1 人，人均收费降低 10 元，但人均收费不低于 550 元

根据龙湾风景取的旅游信息，某公司组织一批员工到该风景区旅游，支付给旅行社 28 000 元. 请确定参加这次旅游的人数.

分析：由 $800 \times 30 = 24\,000 < 28\,000$，可知参加这次旅游的人数（$x$）大于 30，人均收费降低 $10(x - 30)$ 元，于是可列出方程求解. 但考虑到人均收费应不低于 550 元，因此必须检验求得的解是否符合题意.

解　设共有 x 人参加这次旅游, 由 $800 \times 30 = 24\,000 < 28\,000$, 可知 $x > 30$, 人均收费为 $[800 - 10(x - 30)]$ 元. 根据题意, 得

$$x[800 - 10(x - 30)] = 28\,000,$$

整理, 得

$$x^2 - 110x + 28\,000 = 0,$$

解这个方程, 得

$$x_1 = 40, \quad x_2 = 70.$$

当 $x_1 = 40$ 时, $[800 - 10(x - 30)] = 800 - 10(40 - 30) = 700 > 550$;

当 $x_2 = 70$ 时, $[800 - 10(x - 30)] = 800 - 10(70 - 30) = 400 < 550$ (不合题意, 舍去).

答: 共有 40 人参加这次旅游.

小知识大哲理

在中国数学史上, 广泛流传着 "韩信点兵" 的故事. 韩信是汉高祖刘邦手下的大将, 他英勇善战, 智谋超群, 为汉朝的建立立下了卓越的功勋. 据说韩信的数学水平非常高, 他在点兵的时候, 为了保护军事机密, 不让敌人知道自己军队的实力, 先令士兵从 1 至 3 报数, 记下最后一个士兵所报之数; 再令士兵从 1 至 5 报数, 也记下最后一个士兵所报之数; 最后令士兵从 1 至 7 报数, 又记下最后一个士兵所报之数. 这样, 他很快就算出了自己军队士兵的总人数, 而敌人则始终无法弄清他的军队究竟有多少士兵.

课后能力训练3.2

1. 解下列方程.

(1) $36x^2 - 1 = 0$;

(2) $4x^2 = 81$;

(3) $(x + 5)^2 = 25$;

(4) $x^2 + 2x + 1 = 4$.

2. 填空:

(1) $x^2 + 6x + \underline{\quad} = (x + \underline{\quad})^2$;

(2) $x^2 - x + \underline{\quad} = (x - \underline{\quad})^2$;

(3) $4x^2 + 4x +$ ____ $= (2x +$ ____ $)^2$；　　(4) $x^2 - \dfrac{2}{5}x +$ ____ $= (x -$ ____ $)^2$.

3. 用配方法解下列方程.

(1) $x^2 + 10x + 16 = 0$；

(2) $x^2 - x - \dfrac{3}{4} = 0$；

(3) $3x^2 + 6x - 5 = 0$；

(4) $4x^2 - x - 9 = 0$.

4. 利用判别式判断下列方程的根的情况.

(1) $2x^2 - 3x - \dfrac{3}{2} = 0$；

(2) $16x^2 - 24x + 9 = 0$；

(3) $x^2 - 4\sqrt{2}x + 9 = 0$；

(4) $3x^2 + 10 = 2x^2 + 8x$.

5. 用公式法解下列方程.

(1) $x^2 + x - 12 = 0$；

(2) $x^2 - \sqrt{2}x - \dfrac{1}{4} = 0$；

(3) $x^2 + 4x + 8 = 2x + 11$；

(4) $x(x - 4) = 2 - 8x$；

(5) $x^2 + 2x = 0$；

(6) $x^2 + 2\sqrt{5}x - 10 = 0$.

6. 用因式分解法解下列方程.

(1) $x^2 - 3x + 2 = 0$；

(2) $2x^2 + x - 3 = 0$；

(3) $x^2 = 5x - 6$；

(4) $3x^2 + 5 = x + 9$.

7. 两个相邻的偶数的积是 168，求这两个偶数.

8. 某种植物的主干长出来若干数目的支干，每个支干又长出同样数目的小分支，主干、支干和小分支的总数是 91，每个支干长出多少小分支？

9. 参加足球联赛的每两队之间都进行两场比赛，共要比赛 90 场，共有多少个队参加比赛？

10. 青山村种的水稻 2020 年平均每公顷产 7 200 kg，2021 年平均每公顷产 8 450 kg，求水稻每公顷产量的年平均增长率.

综合能力训练 3

1. 下列方程中，属于一元二次方程的有_____.（填题号）

① $2x^2 - 3y - 5 = 0$；　　　② $\dfrac{2}{3}x^2 - 5 = 0$；　　　③ $x^2 = 2x$；

④ $\dfrac{1}{x} + 4 = x^2$；　　　⑤ $y^2 - \sqrt{2}y - 3 = 0$.

2. 方程 $(x-1)^2 + 5 = (3x+2)(2x-3)$ 化为一般形式是＿＿＿＿＿＿＿＿，其中二次项是＿＿＿＿＿＿＿＿，二次项系数是＿＿＿＿＿＿＿＿；一次项是＿＿＿＿＿＿＿＿，一次项系数是＿＿＿＿＿＿＿＿；常数项是＿＿＿＿＿＿＿＿.

3. 已知一元二次方程 $2x^2 - mx - m = 0$ 的一个根是 $-\dfrac{1}{2}$. 求 m 的值和方程的另一个根.

4. 方程 $(x+2)^2 - 9 = 0$ 的根是＿＿＿＿＿＿＿＿.

5. 方程 $3x^2 = 16x$ 的根是＿＿＿＿＿＿＿＿.

6. 方程 $\dfrac{2}{7}x^2 = 14$ 的根是＿＿＿＿＿＿＿＿.

7. 用配方法解下列方程.

（1）$x^2 + 4x + 3 = 0$；　　　　　（2）$2x^2 + 7x - 4 = 0$.

8. 选择适当的方法解下列方程.

（1）$2(x-2)^2 = 18$；　　　　　（2）$2x(x-3) + x = 3$；

（3）$x^2 - 2x - 15 = 0$；　　　　　（4）$4(x-1)^2 = 9(x-5)^2$；

（5）$x^2 - 2\sqrt{7}x + 7 = 0$；　　　　　（6）$2x^2 - x - 6 = 0$；

（7）$x^2 - 7x + 2 = 0$；　　　　　（8）$\dfrac{3}{2}x^2 - x - 2 = 0$.

9. 利用一元二次方程的根的判别式判断下列方程根的情况.

（1）$x^2 + 9x + 20 = 0$；

（2）$5x^2 - 4x + 1 = 0$；

（3）$4x^2 - 4\sqrt{3}x + 3 = 0$.

10. 有一张长方形桌子的桌面长 100 cm，宽 60 cm. 有一块长方形台布的面积是桌面面积的 2 倍，并且铺在桌面上时，各边垂下的长度相等. 求台布的长和宽（精确到 1 cm）.

11. 某种音乐播放器 MP3 原来每只售价 400 元，经过连续两次降价后，现在每只售价为 256 元，求每次降价的平均百分率．

12. 某商场销售一批名牌衬衫，平均每天可售出 20 件，每件盈利 40 元．为了扩大销售，增加盈利，减少库存，商场决定采取适当的降价措施．经调查发现，每件衬衫每降价 1 元，商场平均每天可多售出 2 件．若商场每天要盈利 1 200 元，请你帮助商场算一算每件衬衫应降价多少元．

13. 北京奥运会的主会场"鸟巢"给世人留下了深刻的记忆，据了解，鸟巢在设计的最后阶段经过了两次优化，鸟巢的结构用钢量从最初的 54 000 t 减少到 42 000 t. 求每次用钢量降低的平均百分率 x（精确到 1%）．

数学文化阅读与欣赏

——古代数学家对一元二次方程的贡献

关于一元二次方程的知识，最早出现在公元前 2000 年左右古巴比伦人的泥板文书中．它记载了这样的问题："求一个数，使它与它的倒数之和等于一个已知数．"列出的方程是

$$x^2 - bx + 1 = 0 \ (b \text{ 是已知数}),$$

并给出了它的解是

$$\frac{b}{2} + \sqrt{\left(\frac{b}{2}\right)^2 - 1} \ \text{或} \ \frac{b}{2} - \sqrt{\left(\frac{b}{2}\right)^2 - 1}.$$

虽然人们当时还不能接受负数，但这也足以说明古巴比伦人已开始接触一元二次方程，并致力于研究一元二次方程的求根公式．

古埃及的"纸草文书"中也涉及 $ax^2 = b$ 这样的最简单的一元二次方程．

希腊的丢番图（246—330 年）只承认一元二次方程的一个正根，即使两根都是正的他也只取一个．

公元 628 年，印度的婆罗摩笈多所写的《婆罗摩修正体系》中给出了一元二次方程

$$x^2 + px - q = 0$$

的一个求根公式

$$x = \frac{\sqrt{p^2 + 4q} - p}{2}.$$

阿拉伯的花拉子米（约 783—850 年）的《代数学》中讨论了方程的解法，解出了一元一次、一元二次方程，其中包含一元二次方程的几种不同的形式——$ax^2 = bx$，$ax^2 = c$，$ax^2 + c = bx$，$ax^2 + bx = c$，$ax^2 = bx + c$，但他限定了 a，b，c 总是正数. 他的伟大贡献在于第一次给出一元二次方程的一般解法，并且承认一元二次方程有两个根，还允许有无理根存在，这在当时已是巨大的进步了！

我国对一元二次方程的研究历史悠久，约公元 1 世纪成书的《九章算术》"勾股"一章中的第 20 题，就是相当于求方程

$$x^2 + 34x - 71\,000 = 0$$

的正根的问题.

我国南北朝时期的《张丘建算经》（大约成书于 466—485 年）中，提出了一个用文字写出的，相当于

$$x^2 + cx = c^2 - 36\frac{a}{b}$$

的一元二次方程.

近代法国数学家韦达（1540—1603 年）指出一元二次方程在实数范围内无解时，实际上在复数范围内有解，并且给出了根与系数的关系.

第4章　三角函数及其应用

【名人名言】

宇宙之大，粒子之微，火箭之速，化工之巧，地球之变，生物之谜，日用之繁，无处不用数学.

——华罗庚

【本章导学】

在我国古代，人们将直角三角形中短的直角边叫作勾，长的直角边叫作股，斜边叫作弦. 根据我国古代数学书《周髀算经》的记载，在约公元前 11 世纪，人们就已经知道，如果勾是三、股是四，那么弦是五. 后来人们进一步发现并证明了关于直角三角形三边之间的关系——两条直角边的平方和等于斜边的平方，这就是勾股定理.

本章先从三角形和勾股定理出法，进一步学习三角函数的相关知识和三角函数在电学等实际中的应用.

【学习目标】

能力目标：了解三角形的边角关系及三角函数补充知识，会解直角三角形；会绘制正弦曲线的图像；能用三角函数知识进行交流电路的分析和计算.

知识目标：理解解三角形的基础知识，理解三角函数和常用的公式；理解正弦曲线的图像及其性质，掌握正弦曲线作图方法.

素质目标：通过积极参与知识的"发现"与"形成"的过程，从中感悟数学概念的严谨性与科学性.

日出日没，月圆月缺，潮涨潮落，冬去春来……这些都是自然界中的周期现象，三角函数是研究自然界中周期现象的重要数学工具，同时，它在力学、工程学以及电学等领域中也有着广泛的应用.

4.1　三角函数概念、公式

一、学习目标

能力目标：了解三角形的边角关系及三角函数补充知识，会解直角三角形，会用三角形的知识解决生活问题和专业问题.

知识目标：理解解三角形的基础知识，理解三角函数和常用的公式.

二、知识链接

知识点 1：三角形基础知识

1. 直角三角形中各元素间的关系

如图 4 – 1 所示，在直角 $\triangle ABC$ 中，设 $\angle C = 90°$，那么 a，b，c，$\angle A$，$\angle B$ 这 5 个元素有如下关系.

（1）两锐角互余：$\angle A + \angle B = 90°$；

（2）边长之间满足**勾股定理**：$a^2 + b^2 = c^2$；

（3）边角之间的关系：$\sin A = \dfrac{a}{c}$，$\cos A = \dfrac{b}{c}$，$\tan A = \dfrac{a}{b}$；$\sin B = \dfrac{b}{c}$，$\cos B = \dfrac{a}{c}$，$\tan B = \dfrac{b}{a}$.

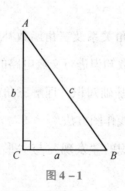

图 4 – 1

2. 斜三角形中各元素间的关系

如图 4 – 2 所示，在 $\triangle ABC$ 中，A，B，C 为其内角，a，b，c 分别表示 A，B，C 的对边.

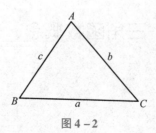

图 4 – 2

（1）三角形内角和：$\angle A + \angle B + \angle C = 180°$.

（2）正弦定理：在一个三角形中，各边和它所对角的正弦的比相等，即

$$\frac{a}{\sin A} = \frac{b}{\sin B} = \frac{c}{\sin C} = 2R \quad （2R\ 为\triangle ABC\ 外接圆直径）.$$

（3）余弦定理：三角形任何一边的平方等于其他两边平方的和减去这两边与它们夹角的余弦的积的两倍，即

$$a^2 = b^2 + c^2 - 2bc\cos A,$$
$$b^2 = c^2 + a^2 - 2ca\cos B,$$
$$c^2 = a^2 + b^2 - 2ab\cos C.$$

3. 三角形的面积公式

（1）$S = \dfrac{1}{2}ah_a = \dfrac{1}{2}bh_b = \dfrac{1}{2}ch_c$（$h_a$，$h_b$，$h_c$ 分别表示 a，b，c 上的高）；

（2）$S = \dfrac{1}{2}ab\sin C = \dfrac{1}{2}bc\sin A = \dfrac{1}{2}ac\sin B$；

（3）$S = \dfrac{a^2\sin B\sin C}{2\sin(B+C)} = \dfrac{b^2\sin C\sin A}{2\sin(C+A)} = \dfrac{c^2\sin A\sin B}{2\sin(A+B)}$；

（4）$S = 2R\sin A\sin B\sin C$（R 为外接圆半径）；

（5）$S = \dfrac{abc}{4R}$；

（6）$S = \sqrt{d(d-a)(d-b)(d-c)}\left(d = \dfrac{1}{2}(a+b+c)\right)$；

（7）$S = rd$（r 为三角形内切圆半径）.

能力训练 4 – 1 – 1　$\triangle ABC$ 中，已知 $\angle C = 90°$，$\angle A = 30°$，$AC = \sqrt{3}$（图 4 – 3），求 AB 和 BC.

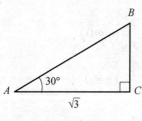

图 4 – 3

解 根据直角三角形的边角关系，得

$$\cos A = \frac{AC}{AB} = \frac{\sqrt{3}}{AB},$$

而 $\angle A = 30°$，$\cos 30° = \frac{\sqrt{3}}{2}$，即 $\frac{\sqrt{3}}{AB} = \frac{\sqrt{3}}{2}$，所以 $AB = 2$.

又因为 $\tan A = \frac{BC}{AC} = \frac{BC}{\sqrt{3}}$，而 $\angle A = 30°$，$\tan 30° = \frac{\sqrt{3}}{3}$，即 $\frac{BC}{\sqrt{3}} = \frac{\sqrt{3}}{3}$，所以 $BC = 1$.

能力训练 4 – 1 – 2 已知 $\triangle ABC$ 中，$b = 2\sqrt{2}$，$c = 2\sqrt{3}$，$\angle B = 45°$，求 $\angle C$.

解 因为 $\frac{b}{\sin B} = \frac{c}{\sin C}$，所以

$$\sin C = \frac{c \sin B}{b} = \frac{2\sqrt{3} \sin 45°}{2\sqrt{2}} = \frac{\sqrt{3}}{2}.$$

由单位圆中的正弦线可知，在 $0° \sim 180°$ 范围内，正弦值等于 $\frac{\sqrt{3}}{2}$ 的角有两个，它们是 $60°$ 和 $120°$，并且两者互为补角.

又因为 $0° < \angle C < 180°$，所以

$$\angle C = 60° 或 \angle C = 120°.$$

知识点 2：三角函数的概念

1. 任意角三角函数的定义

设 α 是任意一个角，如图 4 – 4 所示，$P(x, y)$ 是 α 的终边上的任意一点（异于原点），

它与原点的距离是 $r = \sqrt{x^2 + y^2} > 0$，那么

$$\sin \alpha = \frac{y}{r}, \quad \cos \alpha = \frac{x}{r}, \quad \tan \alpha = \frac{y}{x} \quad (x \neq 0),$$

$$\cot \alpha = \frac{x}{y} \quad (y \neq 0),$$

$$\sec \alpha = \frac{r}{x} \quad (x \neq 0),$$

$$\csc \alpha = \frac{r}{y} \quad (y \neq 0).$$

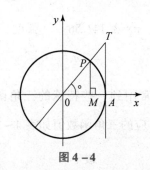

图 4 - 4

可以看出，正弦与余割、余弦与正割、正切与余切互为倒数.

根据相似三角形的知识，对于确定的角 α，这 6 个比值（如果有的话）都不会随点 P 在 α 的终边上的位置的改变而改变. 把这 6 个以角为自变量，以比值为函数值的函数叫作**三角函数**.

从三角函数的定义可知，三角函数的定义域是使这些比值有意义的角 α 的取值范围（表 4 - 1）.

表 4 - 1

三角函数	定义域
$\sin \alpha$	$\{\alpha \mid \alpha \in \mathrm{R}\}$
$\cos \alpha$	$\{\alpha \mid \alpha \in \mathrm{R}\}$
$\tan \alpha$	$\left\{\alpha \mid \alpha \in \mathrm{R},\ \alpha \neq \dfrac{\pi}{2} + k\pi,\ k \in \mathrm{Z}\right\}$
$\cot \alpha$	$\{\alpha \mid \alpha \in \mathrm{R},\ \alpha \neq k\pi,\ k \in \mathrm{Z}\}$
$\sec \alpha$	$\left\{\alpha \mid \alpha \in \mathrm{R},\ \alpha \neq \dfrac{\pi}{2} + k\pi,\ k \in \mathrm{Z}\right\}$
$\csc \alpha$	$\{\alpha \mid \alpha \in \mathrm{R},\ \alpha \neq k\pi,\ k \in \mathrm{Z}\}$

2. 任意角三角函数值的符号

根据三角函数的定义和角 α 的终边所在象限内的点 $(x,\ y)$ 的坐标的符号，可以确定角 α 的各三角函数值的符号，具体如表 4 - 2 所示.

表 4 - 2

三角函数	第一象限	第二象限	第三象限	第四象限
$\sin \alpha$，$\csc \alpha$	+	+	−	−
$\cos \alpha$，$\sec \alpha$	+	−	−	+
$\tan \alpha$，$\cot \alpha$	+	−	+	−

注意 1（弧度）=57.3°；$\pi \approx 3.141\,56 \cdots$（弧度）=180°；$1° = \dfrac{\pi}{180}$（弧度）.

3. 特殊角的三角函数值

在三角函数的计算中，经常用到一些特殊的三角函数值，主要有 0°，30°，45°，60°，90°，180°，270°，它们对应的三角函数值如表 4 - 3 所示.

表 4 - 3

三角函数	角度						
	0°	30°	45°	60°	90°	180°	270°
$\sin \alpha$	0	$\dfrac{1}{2}$	$\dfrac{\sqrt{2}}{2}$	$\dfrac{\sqrt{3}}{2}$	1	0	-1
$\cos \alpha$	1	$\dfrac{\sqrt{3}}{2}$	$\dfrac{\sqrt{2}}{2}$	$\dfrac{1}{2}$	0	-1	0
$\tan \alpha$	0	$\dfrac{\sqrt{3}}{3}$	1	$\sqrt{3}$	—	0	—

知识点 3：常用的三角函数公式

1. 基本恒等式

同一个角 α 的三角函数间有下列函数关系——构造六边形法（图 4 - 5）.

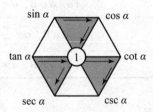

图 4 - 5

构造"上弦、中切、下割；左正、右余、中间1"的正六边形为模型.

倒数关系：对角线上的两个三角函数值互为倒数，$\tan \alpha \cot \alpha = 1$；

商数关系：六边形任意一顶点上的三角函数值等于与它相邻的两个顶点上三角函数值的乘积（横向箭头代表 +，斜向下箭头代表 =），$\tan \alpha = \dfrac{\sin \alpha}{\cos \alpha}$，$\cot \alpha = \dfrac{\cos \alpha}{\sin \alpha}$；

平方关系：在带有阴影线的三角形中，上面两个顶点上的三角函数值的平方和等于下面顶点上的三角函数值的平方（都等于1），$\sin^2\alpha + \cos^2\alpha = 1$，$\tan^2\alpha + 1 = \sec^2\alpha$，$\cot^2\alpha + 1 = \csc^2\alpha$.

2. 诱导公式

为了将任意角的三角函数值求出来，经常用到表 4 – 4 所示的诱导公式.

表 4 –4

角 α	三角函数			
	$\sin\alpha$	$\cos\alpha$	$\tan\alpha$	$\cot\alpha$
$-\alpha$	$-\sin\alpha$	$\cos\alpha$	$-\tan\alpha$	$-\cot\alpha$
$\dfrac{\pi}{2} \pm \alpha$	$\cos\alpha$	$\mp\sin\alpha$	$\mp\cot\alpha$	$\mp\tan\alpha$
$\pi \pm \alpha$	$\mp\sin\alpha$	$-\cos\alpha$	$\pm\tan\alpha$	$\pm\cot\alpha$
$\dfrac{3\pi}{2} \pm \alpha$	$-\cos\alpha$	$\pm\sin\alpha$	$\mp\cot\alpha$	$\mp\tan\alpha$
$2\pi \pm \alpha$	$\pm\sin\alpha$	$\cos\alpha$	$\pm\tan\alpha$	$\pm\cot\alpha$

根据表 4 – 4 有：$\sin\left(\dfrac{\pi}{2} + \alpha\right) = \cos\alpha$；$\cos\left(\dfrac{3\pi}{2} - \alpha\right) = -\sin\alpha$；….

3. 加法公式

$$\sin(\alpha \pm \beta) = \sin\alpha\cos\beta \pm \cos\alpha\sin\beta;$$

$$\cos(\alpha \pm \beta) = \cos\alpha\cos\beta \mp \sin\alpha\sin\beta;$$

$$\tan(\alpha \pm \beta) = \frac{\tan\alpha \pm \tan\beta}{1 \mp \tan\alpha\tan\beta}.$$

4. 倍角公式

$$\sin 2\alpha = 2\sin\alpha\cos\alpha;$$

$$\cos 2\alpha = \cos^2\alpha - \sin^2\alpha = 2\cos^2\alpha - 1 = 1 - 2\sin^2\alpha.$$

5. 降幂公式

$$\sin^2\alpha = \frac{1 - \cos 2\alpha}{2};\ \cos^2\alpha = \frac{1 + \cos 2\alpha}{2}.$$

6. 和差化积公式

$$\sin\alpha + \sin\beta = 2\sin\frac{\alpha + \beta}{2}\cos\frac{\alpha - \beta}{2};$$

$$\sin \alpha - \sin \beta = 2\cos \frac{\alpha+\beta}{2}\sin \frac{\alpha-\beta}{2};$$

$$\cos \alpha + \cos \beta = 2\cos \frac{\alpha+\beta}{2}\cos \frac{\alpha-\beta}{2};$$

$$\cos \alpha - \cos \beta = -2\sin \frac{\alpha+\beta}{2}\sin \frac{\alpha-\beta}{2}.$$

7. 积化和差公式

$$\sin \alpha\cos \beta = \frac{1}{2}\left[\sin(\alpha+\beta)+\sin(\alpha-\beta)\right];$$

$$\cos \alpha\cos \beta = \frac{1}{2}\left[\cos(\alpha+\beta)+\cos(\alpha-\beta)\right];$$

$$\sin \alpha\sin \beta = -\frac{1}{2}\left[\cos(\alpha+\beta)-\cos(\alpha-\beta)\right];$$

$$\cos \alpha\sin \alpha = \frac{1}{2}\left[\sin(\alpha+\beta)+\sin(\alpha-\beta)\right].$$

能力训练 4 – 1 – 3　求下列三角函数的值.

(1) $\cos 225°$;　　　　　　　(2) $\tan(-480°)$.

解（1）$\cos 225° = \cos(180°+45°) = -\cos 45° = -\frac{\sqrt{2}}{2}$.

(2) $\tan(-480°) = -\tan 480° = -\tan(360°+120°) = -\tan 120°$

$$= -\tan(180°-60°) = \tan 60° = \sqrt{3}.$$

能力训练 4 – 1 – 4　计算下列各式的值.

(1) $\sin 72°\cos 42° - \cos 72°\sin 42°$;

(2) $\dfrac{1+\tan 15°}{1-\tan 15°}$.

解　（1）　$\sin 72°\cos 42° - \cos 72°\sin 42°$

$$= \sin(72°-42°)$$

$$= \sin 310°$$

$$= \frac{1}{2}.$$

(2) $\dfrac{1+\tan 15°}{1-\tan 15°} = \dfrac{\tan 45° + \tan 15°}{1-\tan 45°\tan 15°}$

$$= \tan(45° + 15°)$$

$$= \tan 60°$$

$$= \sqrt{3}.$$

三、专业（或实际）应用案例

案例 4 - 1 - 1 某地出土一块类似三角形的刀状古代玉佩 [图 4 - 6 (a)]，其一角已破损，现测得如下数据：$BC = 2.57$ cm，$CE = 3.57$ cm，$BD = 4.38$ cm，$\angle B = 45°$，$\angle C = 120°$．为了复原，请计算原玉佩两边的长（结果精确到 0.01 cm）．

解 将 BD，CE 分别延长相交于一点 A，在 $\triangle ABC$ 中

$$BC = 2.57 \text{ cm}, \quad \angle B = 45°, \quad \angle C = 120°,$$

$$\angle A = 180° - (\angle B + \angle C) = 180° - (45° + 120°) = 15°.$$

因为

$$\frac{BC}{\sin A} = \frac{AC}{\sin B},$$

所以

$$AC = \frac{BC \sin B}{\sin A} = \frac{2.57 \sin 45°}{\sin 15°},$$

求得

$$AC \approx 7.02 \text{ cm}.$$

同理，

$$AB \approx 8.60 \text{ cm}.$$

答：原玉佩两边的长分别约为 7.02 cm，8.60 cm．

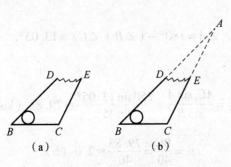

图 4 - 6

案例 4 - 1 - 2 台风中心位于某市正东方向 300 km 处（图 4 - 7），正以 40 km/h 的速度向西北方向移动，距离台风中心 250 km 范围内将会受其影响，如果台风速度不变，那么该市从何时起开始受到台风影响？这种影响将持续多长时间（结果精确到 0.1 h)？

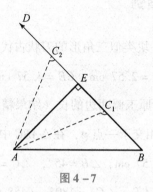

图 4 - 7

解 设台风中心从点 B 向西北方向沿射线 BD 移动，该市位于点 B 正西方向 300 km 处的点 A.

假设经过 t h，台风中心到达点 C，则在 $\triangle ABC$ 中，$AB = 300$ km，$AC = 250$ km，$BC = 40t$ km，$\angle B = 45°$，由正弦定理得

$$\frac{AC}{\sin B} = \frac{AB}{\sin C} = \frac{BC}{\sin A},$$

可知

$$\sin C = \frac{AB \sin B}{AC} = \frac{300 \sin 45°}{250} = \frac{3}{5}\sqrt{2} \approx 0.848\,5.$$

利用计算器求得 $\angle C$ 有两个解：

$$\angle C_1 \approx 121.95°, \quad \angle C_2 \approx 58.05°.$$

当 $\angle C_1 \approx 121.95°$ 时，

$$\angle A = 180° - (\angle B + \angle C) = 13.05°.$$

所以，

$$BC_1 = \frac{AC_1 \sin A}{\sin B} = \frac{250 \sin 13.05°}{\sin 45°} \approx 79.83 \text{（km）},$$

$$t_1 = \frac{BC}{40} = \frac{79.83}{40} \approx 2.0 \text{（h）}.$$

同理，当 $\angle C_1 \approx 58.05°$ 时，$BC_2 \approx 344.4$ km，$t_2 \approx 8.6$ h，

$$t_2 - t_1 \approx 6.6 \text{ h}.$$

答　约 2 h 后该市受到台风影响，将持续约 6.6 h.

案例 4 – 1 – 3　在一次机器人足球比赛中，甲队 1 号机器人由点 A 开始做匀速直线运动，到达点 B 时，发现足球在点 D 处正以 2 倍于自己的速度向点 A 做匀速直线运动，如图 4 – 8 所示. 已知 $AB = 4\sqrt{2}$ dm，$AD = 17$ dm，$\angle BAC = 45°$. 若忽略机器人原地旋转所需的时间，则该机器人最快可在何处截住足球？

解　设该机器人最快可在点 C 处截住足球，点 C 在线段 AD 上，设 $BC = x$ dm，由题意，$CD = 2x$ dm，

$$AC = AD - CD = (17 - 2x) \;(\text{dm})$$

在 $\triangle ABC$ 中，由余弦定理，得

$$BC^2 = AB^2 + AC^2 - 2AB \cdot AC \cos A,$$

即 $x^2 = \left(4\sqrt{2}\right)^2 + (17 - 2x)^2 - 2 \times 4\sqrt{2} \times (17 - 2x)\cos 45°.$

解得

$$x_1 = 5 \text{ dm}, \quad x_2 = -\frac{37}{3} \text{ dm},$$

所以 $AC = 17 - 2x = 7 \;(\text{dm})$，或 $AC = -\dfrac{23}{3}$ dm（不合题意，舍去）.

答　该机器人最快可在线段 AD 上距点 A 7 dm 的点 C 处截住足球.

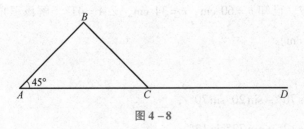

图 4 – 8

小知识大哲理

虽然三角函数的许多公式都可以由三角函数本身推导出来，但若任何对问题都推导一遍，显然没有效率，而且在解决大量有关三角函数的问题的过程中，还会用到三角函数的诱导公式、积化和差与和差化积等公式，因此，在实际应用公式的过程中可以收获更多，对这些公式的应

用也会更加自然、熟练，这就是实践的意义．仅知道公式没有用，要实践和训练，在不断解决实际问题的过程中强化对公式的认识，让实践和亲自动手成为习惯．

课后能力训练 4.1

1. 根据下列图形的条件（图 4-9），求未知的边和角．

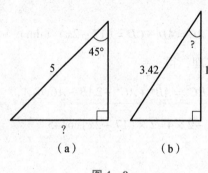

（a）　　　（b）

图 4-9

2. 在 △ABC 中，$b = 4$，$\angle B = 30°$，$\angle C = 45°$，求 △ABC 的面积．

3. 已知 △ABC 为一个直角三角形，其中 $\angle C = 90°$，$\angle A$ 为较大的锐角，两边长分别为 5，12．求 $\angle A$ 和 $\angle B$．

4. 在 △ABC 中，已知 $b = 60$ cm，$c = 34$ cm，$\angle A = 41°$，解该三角形（角度精确到 1°，边长精确到 1 cm）．

5. 化简．

（1）$\cos 20° \cos 70° - \sin 20° \sin 70°$；

（2）$\cos 72° \cos 12° + \sin 72° \sin 12°$；

（3）$\dfrac{\tan 12° + \tan 33°}{1 - \tan 12° \tan 33°}$．

6. 求下列三角函数的值．

（1）$\sin \dfrac{13\pi}{2}$；　　　（2）$\cos \dfrac{13\pi}{3}$；　　　（3）$\tan 405°$．

7. 如图 4-10 所示，小明想测量电线杆 AB 的高度，他发现电线杆 AB 的影子正好落在坡面 CD 和地面 BC 上，已知坡面 CD 和地面 BC 成 30° 角，$CD = 4$ m，$BC = 10$ m，且此时测得 1 m 高的标杆在地面的影长为 2 m，求电线杆 AB 的高度.

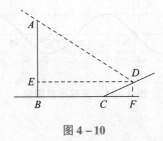

图 4 – 10

8. 一棵树被台风吹断，折成 60°角，树的底部与树梢尖着地处相距 20 m，则原来树的高度为多少米？

4.2 正弦型函数及图像

一、学习目标

能力目标：会绘制正弦曲线的图像；能用三角函数知识进行交流电路的分析和计算.

知识目标：理解正弦曲线的图像及其性质；掌握正弦曲线作图方法.

二、知识链接

在现实世界中，许多运动、变化具有循环往复、周而复始的规律，例如昼夜交替、四季交替、月亮圆缺变化、交流电变化等，这种规律称为周期性. 三角函数正是刻画这种规律的重要数学模型. 在物理和工程技术的许多问题中，都会遇到形如 $y = A\sin(\omega x + \varphi)$ 的函数（其中 A，φ，ω 是常数）. 例如，物体做简谐振动时位移 y 与时间 x 的关系、交流电中电流 y 与时间 x 的关系等，都可用这类函数来表示.

知识点 1：三角函数图像

正弦函数图像如图 4 – 11 所示，余弦函数图像如图 4 – 12 所示，正切函数图像如图 4 – 13 所示.

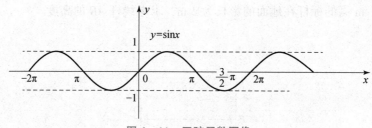

图 4 – 11　正弦函数图像

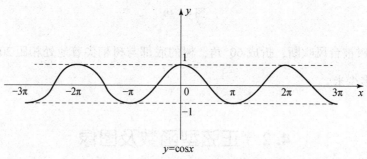

图 4 – 12　余弦函数图像

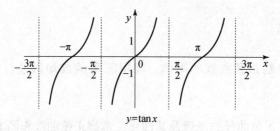

图 4 – 13　正切函数图像

知识点 2：三角函数的性质

三角函数的性质如表 4 – 5 所示.

表 4 – 5

项目	正弦函数的性质	余弦函数的性质	正切函数的性质
函数	$y = \sin x$	$y = \cos x$	$y = \tan x$
定义域	$(-\infty, +\infty)$	$(-\infty, +\infty)$	$x \neq k\pi + \dfrac{\pi}{2}$
值域	$[-1, 1]$	$[-1, 1]$	$(-\infty, +\infty)$
奇偶性	奇函数	偶函数	奇函数
单调性	$\left[2k\pi - \dfrac{\pi}{2},\ 2k\pi + \dfrac{\pi}{2}\right]$，单调递增；$\left[2k\pi + \dfrac{\pi}{2},\ 2k\pi + \dfrac{3\pi}{2}\right]$，单调递减	$[(2k-1)\pi,\ 2k\pi]$，单调递增；$[2k\pi,\ (2k+1)\pi]$，单调递减	$\left(k\pi - \dfrac{\pi}{2},\ k\pi + \dfrac{\pi}{2}\right)$，单调递增

续表

项目	正弦函数的性质	余弦函数的性质	正切函数的性质
周期性	$T = 2\pi$	$T = 2\pi$	$T = \pi$
对称性	对称轴：$x = k\pi + \dfrac{\pi}{2}$； 对称中心：$(k\pi, 0)$	对称轴：$x = k\pi$； 对称中心：$\left(k\pi + \dfrac{\pi}{2}, 0\right)$	对称中心：$\left(\dfrac{k\pi}{2}, 0\right)$
零值点	$x = k\pi$	$x = k\pi + \dfrac{\pi}{2}$	$x = k\pi$
最值点	$x = k\pi + \dfrac{\pi}{2}$， $y_{\max} = 1$； $x = k\pi - \dfrac{\pi}{2}$， $y_{\min} = -1$	$x = 2k\pi$， $y_{\max} = 1$； $x = (2k+1)\pi$， $y_{\min} = -1$	无

知识点 3：三角函数图像变换

三角函数图像变换如表 4−6 所示.

表 4−6

图像 变换	振幅变换：$y = A\sin x$（$A > 0$ 且 $A \neq 1$）的图像可以看作把正弦曲线上的所有点的纵坐标伸长（$A > 1$）或缩短（$0 < A < 1$）到原来的 A 倍得到的（横坐标不变）. 周期变换：$y = \sin \omega x$（$\omega > 0$ 且 $\omega \neq 1$）的图像可以看作把正弦曲线上的所有点的横坐标缩短（$\omega > 1$）或伸长（$0 < \omega < 1$）到原来的 $\dfrac{1}{\omega}$ 倍得到的（纵坐标不变）. 相位变换：$y = \sin(x + \varphi)$ 的图像可以看作把正弦曲线上的所有点向左（$\varphi > 0$）或向右（$\varphi < 0$）平移 $|\varphi|$ 个单位长度得到的.
性质	五点法作图像 振幅：A 周期：$T = \dfrac{2\pi}{|\omega|}$， $y = A\tan(\omega x + \varphi)$，周期：$T = \dfrac{\pi}{|\omega|}$ 频率：$f = \dfrac{1}{T} = \dfrac{\omega}{2\pi}$ 相位：$\omega x + \varphi$ 初相：φ

能力训练 4−2−1　求使下列函数取得最大值的自变量 x 的集合，并求出最大值.

（1）$y = \sin x + 1$，$x \in \mathrm{R}$；

（2）$y = 2 - \cos 2x$，$x \in \mathrm{R}$.

解 （1）使函数 $y = \sin x + 1$，$x \in R$ 取得最大值的 x 的集合，就是使函数 $y = \sin x + 1$，$x \in R$ 取得最大值的 x 的集合 $\left\{ x \mid x = 2k\pi + \dfrac{\pi}{2},\ k \in Z \right\}$.

函数 $y = \sin x + 1$，$x \in R$ 的最大值是 $1 + 1 = 2$.

（2）令 $X = 2x$，那么 $x \in R$ 必须并且只需 $X \in R$，且使函数 $y = \cos X$，$X \in R$ 取得最小值的 X 的集合是 $\{ X \mid X = 2k\pi + \pi, k \in Z \}$.

由 $2x = X = 2k\pi + \pi$ 得 $x = k\pi + \dfrac{\pi}{2}$，即使函数 $y = 2 - \cos 2x$，$x \in R$ 取得最大值的 x 的集合是 $\left\{ x \mid x = k\pi + \dfrac{\pi}{2},\ k \in Z \right\}$.

函数 $y = 2 - \cos 2x$ 的最大值为 $2 - (-1) = 3$.

能力训练 4-2-2 已知函数 $y = 2\sin\left(2x + \dfrac{\pi}{3}\right)$.

（1）求它的振幅、周期、初相；

（2）用"五点法"作出它在一个周期内的图像.

解 （1）$y = 2\sin\left(2x + \dfrac{\pi}{3}\right)$ 的振幅 $A = 2$，周期 $T = \dfrac{2\pi}{2} = 1$，初相 $\varphi = \dfrac{\pi}{3}$.

（2）令 $X = 2x + \dfrac{\pi}{3}$，则 $y = 2\sin\left(2x + \dfrac{\pi}{3}\right) = 2\sin X$.

列表（表 4-7）并描点画出图像，如图 4-14 所示.

表 4-7

x	$-\dfrac{\pi}{6}$	$\dfrac{\pi}{12}$	$\dfrac{\pi}{3}$	$\dfrac{7\pi}{12}$	$\dfrac{5\pi}{6}$
X	0	$\dfrac{\pi}{2}$	π	$\dfrac{3\pi}{2}$	2π
$y = \sin X$	0	1	0	-1	0
$y = 2\sin\left(2x + \dfrac{\pi}{3}\right)$	0	2	0	-2	0

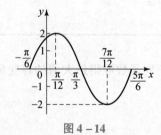

图 4-14

能力训练 4 – 2 – 3 图 4 – 15（a）所示是某次实验测得的交流电流 i（单位：A）随时间 t（单位：s）变化的图像，将测得的图像放大，得到图 4 – 15（b）.

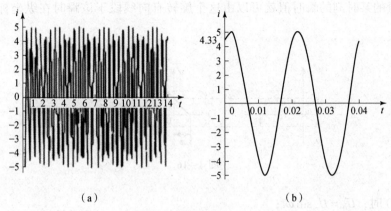

（a）　　　　　　　　（b）

图 4 – 15

（1）求电流 i 随时间 t 变化的函数解析式；

（2）当 $t = 0，\dfrac{1}{600}，\dfrac{1}{150}，\dfrac{7}{600}，\dfrac{1}{60}$ 时，求电流 i.

分析： 由交流电流的产生原理可知，电流 i 随时间 t 变化的规律可用 $i = I_{\mathrm{m}}\sin(\omega t + \varphi)$ 来刻画，其中 $\dfrac{\omega}{2\pi}$ 表示频率，A 表示振幅，φ 表示初相.

解　（1）由图 4 – 15（b）可知，电流最大值为 $5A$，因此 $I_{\mathrm{m}} = 5$；电流变化的周期为 $\dfrac{1}{50}$ s，频率为 50 Hz，即 $\dfrac{\omega}{2\pi} = 50$，解得 $\omega = 100\pi$；再由初始状态（$t = 0$）的电流为 4.33 A，可得 $\sin\varphi = 0.866$，因此 $\varphi \approx \dfrac{\pi}{3}$，得电流 i 随时间 t 变化的函数解析式是

$$i = 5\sin\left(100\pi t + \dfrac{\pi}{3}\right), t \in [0, +\infty).$$

（2）当 $t = 0$ 时，$i = \dfrac{5\sqrt{3}}{2}$；当 $t = \dfrac{1}{600}$ 时，$i = 5$；当 $t = \dfrac{1}{150}$ 时，$i = 0$；当 $t = \dfrac{7}{600}$ 时，$i = -5$；当 $t = \dfrac{1}{60}$ 时，$i = 0$.

知识点 4：正弦函数的相量表示法

设有一正弦函数 $u = U_{\mathrm{m}}\sin(\omega t + \varphi)$，其波形如图 4 – 16 所示，左图是直角坐标系中的一旋转有向线段. 有向线段的长度代表正弦量的幅值 U_{m}，它的初始位置（$t = 0$ 时的

位置）与横轴正方向之间的夹角等于正弦量的初相位 φ. 并以正弦量的角频率 ω 做逆时针方向旋转. 可见，这一旋转有向线段具有正弦量的三要素，故可以用来表示正弦量. 正弦量的某时刻的瞬时值就可以由这个旋转有向线段于该瞬时在纵坐标轴上的投影表示出来.

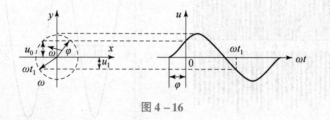

图 4 - 16

当 $t = 0$ 时，$U_0 = U_m \sin \omega t$；

当 $t = t_1$ 时，$U_1 = U_m \sin(\omega t_1 + \varphi)$.

由以上可见，正弦函数可以用旋转的有向线段来表示. 有向线段表示正弦函数，即正弦函数的向量表示法. 此外，我们将在下一任务中看到，正弦函数还可以用复数表示.

三、专业（或实际）应用案例

案例 4 - 2 - 1　在电容电路中，瞬时功率 P（单位：W）等于瞬时电压 U（单位：V）与瞬时电流 I（单位：A）的乘积，已知电容器两端的瞬时电压为 $U = 220\sqrt{2} \sin 100\pi t$，通过它的瞬时电流为 $I = 0.04\sqrt{2} \sin\left(100\pi t + \dfrac{\pi}{2}\right)$，求：

（1）瞬时功率 P；

（2）瞬时功率 P 的最大值；

（3）瞬时功率 P 的周期.

解　（1）由已知，得

$$P = UI = 220\sqrt{2} \sin 100\pi t \times 0.04\sqrt{2} \sin\left(100\pi t + \dfrac{\pi}{2}\right)$$

$$= 17.6 \sin 100\pi t \times \cos 100\pi t$$

$$= 8.8 \sin 200\pi t.$$

（2）由正弦函数的性质可知，瞬时功率 P 的最大值为 8.8 W.

（3）由正弦函数的性质可知，瞬时功率 P 的周期为 $\dfrac{1}{100}$ s.

案例 4－2－2　［电流电压的瞬时值表达式］

（1）已知正弦电压源的频率为 50 Hz，初相角为 $\dfrac{\pi}{6}$ rad，由交流电压表测得电源开路电压为 220 V．求该电源电压的振幅、角频率，并写出瞬时值的表达式．

（2）已知正弦电压 $u = 311\sin(314t + 60°)$（V），试求：

①角频率 ω、频率 f、周期 T、最大值 U_m 和初相位 ψ_u；

②在 $t = 0$ s 和 $t = 0.001$ s 时，电压的瞬时值．

解　（1）因为

$$f = 50 \text{ Hz}, \quad \theta_u = \frac{\pi}{6}\text{rad},$$

所以

$$\omega = 2\pi f = 2\pi \times 50 = 314 \text{ （rad/s）},$$

$$U_m = \sqrt{2}U = \sqrt{2} \times 220 = 311 \text{ （V）}.$$

电源电压瞬时表达式为

$$u(t) = U_m\sin(\omega t + \psi_u)$$

$$= 311\sin\left(314t + \frac{\pi}{6}\right) \text{V}.$$

（2）① $\omega = 314$ rad/s，$f = \dfrac{\omega}{2\pi} = 50$ Hz，$T = \dfrac{1}{f} = 0.02$ s，$U_m = 311$ V，$\psi_u = 60°$.

② $t = 0$ s 时，$u = 311\sin 60° \approx 269.3$（V）；

$t = 0.001$ s 时，$u = 311\sin\left(100\pi \times 0.001 + \dfrac{\pi}{3}\right) = 311\sin 78° \approx 304.2$（V）．

案例 4－2－3　［相位差问题］求两个正弦量 $i_1(t) = -14.1\sin(\omega t - 120°)$ A，$i_2(t) = 7.05\cos(\omega t - 60°)$ A 的相位差 φ_{12}.

解　（1）把 i_1，i_2 化成标准正弦型函数的形式：

$$i_1(t) = -14.1\sin(\omega t - 120°) = 14.1\sin(\omega t - 120° + 180°)$$

$$= 14.1\sin(\omega t + 60°)$$

$$= 7.05\sin(\omega t + 30°)（A）.$$

（2）比较标准形式，得两个电流的初相：

$$\varphi_1 = 60°, \quad \varphi_2 = 30°.$$

（3）计算相位差 $\varphi_{12} = \varphi_1 - \varphi_2 = 60° - 30° = 30°$，即正弦电流 i_1 超前 i_2 30°.

小知识大哲理

如果把正弦型曲线比作人的一生，那么曲线的最高点则为人生中的辉煌时刻，曲线的最低点则为人生中的低落时刻. 一条正弦型曲线有多个最高点和最低点，人的一生也是不断起落的. 这告诉我们在辉煌时刻不要骄傲，在低落时刻不要灰心，即要树立正确的人生观，做到胜不骄、败不馁.

课后能力训练 4.2

1. 求下列函数的周期.

（1）$y = \cos 3x$，$x \in \mathbb{R}$；

（2）$y = \sin \dfrac{1}{2}x$，$x \in \mathbb{R}$；

（3）$y = 2\sin\left(2x - \dfrac{\pi}{6}\right)$，$x \in \mathbb{R}$.

2. 分析 $y = 5\sin\left(3x + \dfrac{\pi}{4}\right)$ 可由 $y = \sin x$ 的图像如何变换得到.

3. 求下列函数的最大值、最小值，并求使函数取得最大值、最小值的 x 的集合.

（1）$y = 3 - 2\cos x$；

（2）$y = 2\sin\left(\dfrac{1}{2}x - \dfrac{\pi}{4}\right)$.

4. 已知函数 $y = A\sin(\omega x + \varphi)\,(A > 0, \omega > 0, |\varphi| < \pi)$ 的最小正周期为 $\dfrac{2\pi}{3}$，最小值为 -2，图像经过点 $\left(\dfrac{5\pi}{9}, 0\right)$，求该函数的解析式.

5. 已知：正弦量 $u = 311\sin(314t - 30°)\,\text{V}$，$i = 5\sqrt{2}\sin(314t + 45°)\,\text{A}$.

求：（1）正弦量的最大值、有效值；

（2）角频率、频率、周期；

（3）初相角、相位差；

（4）u，i 波形图.

6. 试求下列正弦信号的振幅、频率和初相角，并画出其波形图.

（1）$u(t) = 10\sin 100\pi t$ V；

（2）$u(t) = 50\sin(100\pi t + 30°)$ V；

（3）$u(t) = 4\cos(20t - 120°)$ V；

（4）$u(t) = 4\sqrt{2}\sin(2t - 45°)$ V.

7. 已知一工频正弦电压有效值 $U = 220$ V，初相角为 $\varphi = 50°$，试写出该电压的瞬时值表达式.

8. 一正弦电流的最大值为 $I_m = 20$ A，频率 $f = 50$ Hz，初相位为 $42°$，试求当 $t = 0.001$ s 时电流的相位及瞬时值.

综合能力训练 4

1. 将 $-240°$ 化为弧度为（　　）.

A. $-\dfrac{5\pi}{3}$　　　　B. $-\dfrac{4\pi}{3}$　　　　C. $-\dfrac{7\pi}{6}$　　　　D. $-\dfrac{7\pi}{4}$

2. 函数 $y = \sin\left(2x + \dfrac{\pi}{3}\right)$ 的最小正周期为（　　）.

A. 2π　　　　B. π　　　　C. $\dfrac{\pi}{2}$　　　　D. 4π

3. 下列选项中叙述正确的是（　　）.

A. 三角形的内角是第一象限角或第二象限角

B. 锐角是第一象限角

C. 第二象限角比第一象限角大

D. 终边不同的角同一三角函数值不相等

4. 在 $\triangle ABC$ 中，$AC = \sqrt{7}$，$BC = 2$，$\angle B = 60°$，则 BC 边上的高等于（　　）.

A. $\dfrac{\sqrt{3}}{2}$　　　　B. $\dfrac{3\sqrt{3}}{2}$　　　　C. $\dfrac{\sqrt{3}+\sqrt{6}}{2}$　　　　D. $\dfrac{\sqrt{3}+\sqrt{39}}{4}$

5. 已知 $\sin\alpha = -\dfrac{3}{5}$，且 $\pi < \alpha < \dfrac{3}{2}\pi$，则 $\tan\alpha$ 的值为（　　）.

A. $\dfrac{3}{4}$　　　　B. $\dfrac{4}{3}$　　　　C. $-\dfrac{3}{4}$　　　　D. $-\dfrac{4}{3}$

6. 在 $\triangle ABC$ 中，若 $\angle A = 60°$，$\angle B = 45°$，$BC = 3\sqrt{2}$，则 $AC =$（　　）.

A. $4\sqrt{3}$　　　　B. $2\sqrt{3}$　　　　C. $\sqrt{3}$　　　　D. $\dfrac{\sqrt{3}}{2}$

7. 在 $\triangle ABC$ 中，若 $a = 3$，$b = \sqrt{3}$，$\angle A = \dfrac{\pi}{3}$，则 $\angle C$ 为 _____.

8. 在 $\triangle ABC$ 中，已知 $\angle BAC = 60°$，$\angle ABC = 45°$，$BC = \sqrt{3}$，则 $AC =$ _____.

9. 若 $i = \sin(1\,000t + 30°)$，则其频率为 _____，初相角为 _____.

10. 一工频正弦电压的初相为 $60°$，有效值为 100 V，则它的解析式为 _____.

11. 把函数 $y = \sin\left(2x + \dfrac{\pi}{3}\right)$ 的图像向右平移 $\dfrac{\pi}{6}$ 个单位长度，所得到的图像的函数解析式为 _____，再将图像上的所有点的横坐标变为原来的 $\dfrac{1}{2}$（纵坐标不变），则所得到的图像的函数解析式为 _____.

12. 求值.

（1）$\sin\dfrac{7}{6}\pi$；（2）$\cos\dfrac{11}{4}\pi$；（3）$\tan(-1\,560°)$.

13. 已知 $\tan\theta = -\dfrac{3}{4}$，求 $2 + \sin\theta\cos\theta - \cos^2\theta$ 的值.

14. 图 4-17 所示某简谐运动的图像，试根据图像回答下列问题.

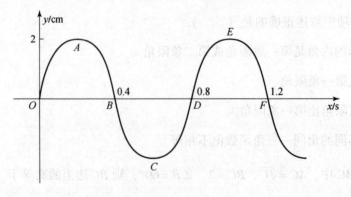

图 4-17

（1）该简谐运动的振幅、周期与频率各是多少？

（2）从 O 点算起，到曲线上的哪一点，表示完成了一次往复运动？如从 A 点算起呢？

（3）写出该简谐运动的函数表达式．

15. 在奥运会垒球比赛前，C 国教练布置战术时，要求击球手以与连接本垒及游击手的直线成 15°的方向把球击出，根据经验及测速仪的显示，通常情况下球速为游击手最大跑速的 4 倍，问按这样的布置，游击手能不能接到球（图 4 - 18）？

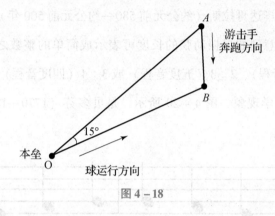

图 4 - 18

16. 一台发电机产生的电流是正弦式电流，电压和时间之间的关系如图 4 - 19 所示，根据图像说出它的周期、频频和电压的最大值，并求电压 U（单位：V）关于时间 t（单位：s）的函数解析式．

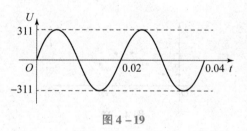

图 4 - 19

17. 已知

$$u = 220\sqrt{2}\sin(\omega t + 135°)\,\text{V}, \quad i = 10\sqrt{2}\sin(\omega t + 50°)\,\text{A},$$

求 u 和 i 的初相及两者间的相位关系．

数学文化阅读与欣赏

——数学与音乐

《梁祝》优美动听的旋律、《十面埋伏》的铮铮琵琶声、贝多芬令人激动的交响曲，田野里昆虫的鸣叫……当沉浸在这些美妙的音乐声中时，你是否知道它们其实与数学有着密切的联系？

事实上，数学与音乐不仅有密切的联系，而且相互交融，形成了一个和谐统一的整体．古希腊时代的毕达哥拉斯（约公元前 580—约公元前 500 年）就已经发现了数学与音乐的关系．他注意到如果振动弦的长度可表示成简单的整数之比，则发出的是和音，如 1：2（八度音程）、2：3（五度音程）或 3：4（四度音程）．

乐曲中也存在数学现象，图 4 – 20 所示，是贝多芬（1770—1827 年）《欢乐颂》中的一个片段．

图 4 – 20

如果以时间为横轴、以高音为纵轴建立平面直角坐标系，那么写在五线谱中的音符就变成坐标系中的点（图 4 – 21）

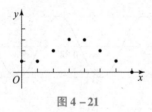

图 4 – 21

实际上，音乐中的五线谱就相当于一个平面直角坐标系，写在五线谱中的音符相当于平面直角坐标系中的点，两个相邻点横坐标的差就是前一个音符的音长，而一首乐曲就是一个高音 y 关于时间 x 的函数 $y = f(x)$．

忽上忽下跳动的音符也是有一定规律可循的．在一首乐曲中常常会有一段音符反复出现，这就是它的主旋律．它表达了该乐曲的主题．从数学上看，乐曲的主旋律就是周期性表达的，可以用三角函数来表示．

图 4 – 22 所示就是西方乐曲《圣者的行进》的主旋律. 可以看出, 其音高是随时间呈周期性变化的.

Oh，when the Saints ＿＿＿＿＿ go marching in，＿＿＿＿＿ Oh，when the Saints

图 4 – 22

反过来, 数学中也存在音乐, 人们可以利用函数创作乐曲. 比如, 在正弦函数图像上取 6 个点 (图 4 – 23), 按照四分之四拍写在五线谱中, 就得到一段乐曲 (图 4 – 24).

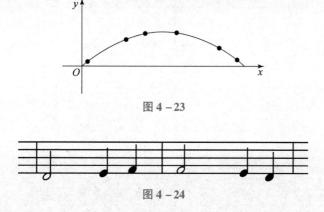

图 4 – 23

图 4 – 24

用数学作曲的典型代表人物就是 20 世纪 20 年代哥伦比亚大学的数学和音乐教授希林格 (1895—1943 年). 他曾经把《纽约时报》上的一条商务曲线描画在坐标纸上, 然后把它分成比例合适的小节, 选取适当的点进行处理并演奏出来, 结果竟然是一首曲调优美、与巴赫作品相似的乐曲! 希林格甚至认为: 根据一套准则, 所有的音乐杰作都可以转变为数学公式. 他的学生格什温 (1898—1930 年) 更是推陈出新, 创建了一套用数学作曲的系统. 据说著名歌剧《波吉与贝丝 (Porgy and Bess)》就是他使用这样的一套系统创作的.

第5章　复数及其应用

【名人名言】

数学方法渗透并支配着一切自然科学的理论分支. 它越来越成为衡量科学成就的主要标志.

——冯·诺依曼

【本章导学】

复数是研究数学、力学和电学常用的数学工具. 复数与向量、三角函数等都有密切的联系,也是进一步学习数学的基础.

本章首先介绍复数的概念和复数的 4 种形式,然后介绍复数的 4 种形式的运算及复数在电学中的重要应用.

【学习目标】

能力目标:会进行复数的代数形式、三角形式、指数形式和极坐标形式等 4 种形式的互相转换;会进行复数的运算;能用复数相量分析计算电路中的问题.

知识目标:理解复数的概念;了解复数的几种形式及互化;掌握复数的几何表示;了解复数的向量表示;掌握复数各种形式的四则运算法则.

素质目标:培养独立思考、勇于探索的精神.

5.1 复数的概念及复数的 4 种形式

一、学习目标

能力目标:会进行复数的代数形式、三角形式、指数形式和极坐标形式等 4 种形式的互相转换;能用复数的形式互化解决电路计算中的相关问题.

知识目标:正确理解复数的概念;了解复数的几种形式及其互化;掌握复数的几何表示.

二、知识链接

知识点 1：复数

1. 虚数单位

为了使负数开平方可以进行，引入一个新的数 j，并使它满足如下性质.

（1）$j^2 = -1$；

（2）j 和实数在一起可以按照实数的四则运算法则进行运算.

注意：虚数单位 j 是一个既特殊又普通的数. 其特殊之处在于 $j^2 = -1$，这是任何实数都不具备的；其普通之处是 j 可以和实数"打成一片"，j 与实数可以运用实数的运算律进行运算.

j 的周期性如下.

$j^{4n+m} = j^m$（$m = 0$，1，2，3；n 为整数），如 $j^{35} = j^{4 \times 8 + 3} = j^3 = -j$.

2. 纯虚数

虚数单位 j 乘一个非零实数 b，即 jb 叫作**纯虚数**. 如 j，$-j2$，$\dfrac{j}{4}$ 等都是纯虚数.

3. 虚数

纯虚数 jb 加上一个实数 a，即 $a + jb$ 叫作**虚数**. 如 $3 + j4$，$j - 1$，$-2 + j$ 等都是虚数.

4. 复数

形如 $a + jb$ 的数叫作**复数**，其中 a，b 是实数，a 叫作复数的实部，b 叫作复数的虚部.

显然，如果 $b = 0$，那么复数就是实数 a，即复数包含所有实数；如果 $b \neq 0$，那么复数就是虚数，即复数也包含所有虚数，于是有

$$复数\ a + jb \begin{cases} 实数(b = 0) \\ 虚数(b \neq 0) —— 纯虚数(a = 0) \end{cases}.$$

一个复数通常可以用一个大写字母表示，如 $Z = 2 - j3$，$A = -j5$ 等，复数的**实部**、**虚部**分别可以用记号 Re（ ）、Im（ ）来表示，如 $\mathrm{Re}(Z) = 2$，$\mathrm{Im}(A) = -5$.

5. 共轭复数

设复数 $Z = a + jb$，则 $a - jb$ 叫作 $a + jb$ 的共轭复数，记为 $\bar{Z}$，即 $\bar{Z} = a - jb$，它们

的实部相等, 虚部互为相反数.

$Z = a + jb$ 与 $\bar{Z} = a - jb$ 称为一对共轭复数.

能力训练 5 – 1 – 1 实数 m 取什么值时, 复数

$$z = m + 1 + j(m - 1)$$

是 (1) 实数; (2) 虚数; (3) 纯虚数.

解 (1) 当 $m - 1 = 0$, 即 $m = 1$ 时, 复数 z 是实数.

(2) 当 $m - 1 \neq 0$, 即 $m \neq 1$ 时, 复数 z 是虚数.

(3) 当 $m + 1 = 0$, 且 $m - 1 \neq 0$, 即 $m = -1$ 时, 复数 z 是纯虚数.

知识点 2: 复数的几何表示

1. 用复平面内的点表示

横轴为实轴, 不包括原点的纵轴为虚轴, 由这个坐标系决定的平面上的每一个点表示一个复数, 因此该平面叫作**复平面**, 这个坐标系叫作**复平面直角坐标系**.

对于任意一个复数 $a + jb$, 它的实部和虚部可以确定一对有序的实数 (a, b), 以这一对有序实数作为坐标, 在复平面内就有唯一的点 M 与它对应, 其坐标为 (a, b); 反之, 复平面内任意一点 $M(a, b)$ 也可以唯一对应一个复数 $a + jb$, 这样就可以用复平面内的点来表示复数 (图 5 – 1).

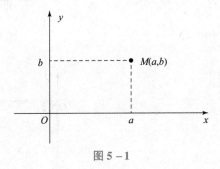

图 5 – 1

也就是说, $Z = a + jb$ 和平面上的点 $M(a, b)$ 是一一对应的.

2. 复数的向量表示

连接坐标原点 O 和点 $M(a, b)$, 可以得到起点在原点的向量 $\overrightarrow{OM}$ (图 5 – 2). 向量 $\overrightarrow{OM}$ 的大小, 由点 M 到原点 O 的距离给出, $|OM| = r = \sqrt{a^2 + b^2}$, 其中 r 也叫作复数 $a + jb$ 的**模**. 由 x 轴的正半轴绕原点逆时针方向旋转至和向量 $\overrightarrow{OM}$ 重合所夹的角 θ 叫作复数 $a + jb$ 的**辐角**, 由 $\tan \theta = \dfrac{b}{a}$ 得出 $\theta = \arctan \dfrac{b}{a} (a \neq 0)$.

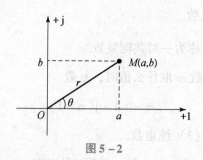

图 5 - 2

规定：（1）模 $r \geqslant 0$（$r = 0$ 时是实数 0）；

（2）辐角 θ 可能不止一个，凡适合 $-\pi < \theta < \pi$ 的辐角 θ 的值，叫作**辐角的主值**.

这样，复数 $a + jb$ 就和向量 $\overrightarrow{OM}$ 建立了——对应的关系，即在复平面内一个复数对应一个向量（起点在原点）；反之，一个起点在原点的向量也对应一个复数. 实数 0 对应的向量叫作零向量，它的模是 0，辐角不确定.

能力训练 5 - 1 - 2 用向量表示复数 $\sqrt{3} + j$，$j3$，-2，$3 - j4$，并分别求出它们的模和辐角（图 5 - 3 ~ 图 5 - 6）.

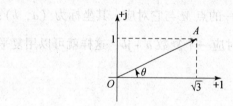

图 5 - 3

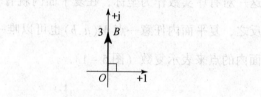

图 5 - 4

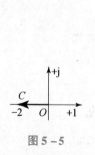

图 5 - 5

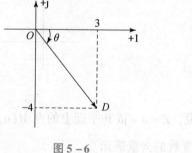

图 5 - 6

解

（1）$\sqrt{3} + j$ 的模为 $|\sqrt{3} + j| = \sqrt{(\sqrt{3})^2 + 1^2} = 2$；

$\sqrt{3} + j$ 的辐角为 $\theta = \arctan \dfrac{1}{\sqrt{3}} = \arctan \dfrac{\sqrt{3}}{3} = 30°$.

（2）j3 的模为 $|j3| = 3$；j3 的辐角为 $\theta = \dfrac{\pi}{2}$.

（3）-2 的模为 $|-2| = 2$；-2 的辐角为 $\theta = \pi$.

（4）$3 - j4$ 的模为 $|3 - j4| = \sqrt{3^2 + (-4)^2} = 5$；

$3 - j4$ 的辐角为 $\theta = \arctan \dfrac{-4}{3} = -\arctan \dfrac{4}{3} = -53.13°$.

知识点 3：复数的 4 种形式

（1）复数的代数形式 $Z = a + jb$.

（2）复数的三角形式 $Z = r(\cos\theta + j\sin\theta)$.

（3）复数的指数形式 $Z = re^{j\theta}$.

（4）复数的极坐标形式 $Z = r\angle\theta$.

能力训练 5 - 1 - 3 一复数为 $A = 4 + j3$. 试求：（1）该复数实部和虚部；（2）该复数的三角形式和极坐标形式；（3）该复数的共轭复数.

解 （1）该复数的实部和虚部分别为 $\text{Re}(A) = 4$，$\text{Im}(A) = 3$.

（2）该复数的模为 $|A| = \sqrt{4^2 + 3^2} = 5$；

该复数的辐角为 $\theta = \arctan \dfrac{3}{4} = 36.87°$；

该复数的三角形式为 $A = 5(\cos 36.87° + j\sin 36.87°)$；

该复数极坐标形式为 $A = 5\angle 36.87°$.

（3）该复数的共轭复数 $\bar{A} = 4 - j3 = 5\angle -36.87°$.

三、专业（或实际）应用案例

[复数集内解一元二次方程]

实数集扩充为复数集后，解决了原来在实数集中开方运算总不能实施的矛盾.

因为 $j^2 = -1$，$(-j)^2 = j^2 = -1$，所以 j 和 $-j$ 都是 -1 的平方根，即有 $\sqrt{-1} = j$.

方程 $x^2 = -1$ 的根是 $x = j$ 和 $x = -j$.

一般的，当 $a > 0$ 时，$\sqrt{-a} = \sqrt{-1}\sqrt{a} = j\sqrt{a}$. 比如 $\sqrt{-4} = \sqrt{-1}\sqrt{4} = j2$，$\sqrt{-12} = \sqrt{-1} \cdot \sqrt{12} = j2\sqrt{3}$.

现在在复数集中讨论实系数一元二次方程（在解二阶常系数微分方程中应用比较多）$ax^2 + bx + c = 0$（a，b，$c \in \mathbb{R}$ 且 $a \neq 0$）的解的情况.

因为 $a \neq 0$，所以原方程可变形为 $x^2 + \dfrac{b}{a}x = -\dfrac{c}{a}$.

配方得 $\left(x + \dfrac{b}{2a}\right)^2 = \left(\dfrac{b}{2a}\right)^2 - \dfrac{c}{a}$，即 $\left(x + \dfrac{b}{2a}\right)^2 = \dfrac{b^2 - 4ac}{4a^2}$.

（1）当 $\Delta = b^2 - 4ac > 0$ 时，原方程有两个不相等的实数根

$$x = -\frac{b}{2a} \pm \frac{\sqrt{b^2 - 4ac}}{2a}.$$

（2）当 $\Delta = b^2 - 4ac = 0$ 时，原方程有两个相等的实数根

$$x = -\frac{b}{2a}.$$

（3）当 $\Delta = b^2 - 4ac < 0$ 时，$\dfrac{b^2 - 4ac}{4a^2} < 0$，而 $\dfrac{b^2 - 4ac}{4a^2}$ 的平方根为 $\pm \mathrm{j}\dfrac{\sqrt{4ac - b^2}}{2a}$，即 $x + \dfrac{b}{2a} = \pm \mathrm{j}\dfrac{\sqrt{4ac - b^2}}{2a}$.

此时原方程有两个不相等的虚数根

$$x = -\frac{b}{2a} \pm \mathrm{j}\frac{\sqrt{4ac - b^2}}{2a}.$$

$$\left(x = -\frac{b}{2a} \pm \mathrm{j}\frac{\sqrt{4ac - b^2}}{2a} \text{为一对共轭虚数根}\right)$$

[说明] 实系数一元二次方程在复数范围内必有两个解：当 $\Delta \geqslant 0$ 时，有两个实根；当 $\Delta < 0$ 时，有一对共轭虚根.

案例 5 - 1 - 1　在复数集中解方程 $x^2 + 2x + 5 = 0$.

解　因为 $\Delta = 4 - 4 \times 1 \times 5 = -16 < 0$，所以方程 $x^2 + 2x + 5 = 0$ 的解为

$$x_1 = -1 + \mathrm{j}2, x_2 = -1 - \mathrm{j}2.$$

小知识大哲理

要达到目标，就要像跑马拉松一样，一步一个脚印，把大目标分解为多个易于达到的小目标，脚踏实地地向前迈进，每前进一步，每完成一个小目标，都能体会到成功的快乐，这种快乐推动我们充分调动自己的潜能，以更

积极的态度去达到下一个目标. 在解决实际问题时, 若直接解决问题有困难, 可先退一步分析研究, 从中探寻出求解问题的方法, 最终解决问题.

课后能力训练 5.1

1. 求 m 为何实数时, 复数 $Z = (2+j)m^2 - 3(1+j)m - 2(1-j)$ 是: (1) 实数; (2) 虚数; (3) 纯虚数; (4) 零.

2. 用向量表示复数 $2-2j$, $-j5$, 3, $6+j8$, $-1+j\sqrt{3}$, 并分别求出它们的模和辐角.

3. 根据下列复数的模和辐角求该复数的实部和虚部.

(1) $|A| = 4$ $\theta = 60°$;

(2) $|A| = 4.6$, $\theta = 135°$;

(3) $r = 3.23$, $\theta = 75°$;

(4) $r = 8$, $\theta = \pi$.

4. 把下列复数化为极坐标形式.

(1) $A = 180$; (2) $A = 2 - j2$; (3) $A = -8 + j6$; (4) $A = j5.4$.

5. 将下列复数化为代数形式.

(1) $A = 7\angle 65°$; (2) $A = 6\angle -38.5°$;

(3) $A = 15\angle 100°$; (4) $A = 4\angle 180°$.

6. 在复数集中解方程.

(1) $x^2 + 4x + 9 = 0$; (2) $x^2 + 9 = 0$;

(3) $x^2 - x + 7 = 0$; (4) $x^2 + 64 = 0$.

5.2 复数的运算及应用

一、学习目标

能力目标: 会进行复数的运算; 能用复数相量分析计算电路中的问题.

知识目标: 了解复数相量表示; 掌握复数各种形式的四则运算法则.

二、知识链接

知识点 1：复数的运算

1. 两个复数相等

（1）代数形式相等. 设 $A = a + jb$，$B = c + jd$，则 $A = B \Leftrightarrow a = c$ 且 $b = d$.

也就是说，两个表示为代数形式的复数相等，等价于它们的实部、虚部分别相等.

（2）极坐标形式相等. 设 $A = r_1 \angle \varphi_1$，$B = r_1 \angle \varphi_1$，则 $A = B \Leftrightarrow r_1 = r_2$ 且 $\varphi_1 = \varphi_2$.

也就是说，两个复数相等，等价于它们的模和辐角分别相等.

注意：两个复数之间通常只有相等或不相等的关系，虚数之间不能比较大小.

2. 代数形式的四则运算

当参与运算的复数以代数形式给出的时候，即 $A = a + jb$，$B = c + jd$，复数的四则运算类似初等代数中二项式的相关运算.

（1）加减法：$A \pm B = (a \pm c) + j(b \pm d)$.

（2）乘法：$A \times B = (a + jb)(c + jd) = (ac - bd) + j(ad + bc)$.

（3）除法：$A \div B = \dfrac{a + jb}{c + jd} = \dfrac{(a + jb)(c - jd)}{(c + jd)(c - jd)} = \dfrac{ac + bd}{c^2 + d^2} + j\dfrac{bc - ad}{c^2 + d^2}$.

注意：（1）$j^2 = -1$.

（2）两个共轭复数的乘积 $(c + jd)(c - jd) = c^2 + d^2$.

能力训练 5-2-1 设 $A = 1 - j$，$B = 2 + j$，试用作图法在复平面内求 $A + B$ 和 $A - B$.

解 $A + B = (1 + 2) + j(-1 + 1) = 3$.

$A - B = (1 - 2) + j(-1 - 1) = -1 - j2$.

作图法相关图像如图 5-7、图 5-8 所示.

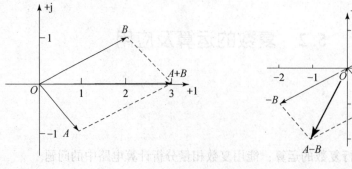

图 5-7

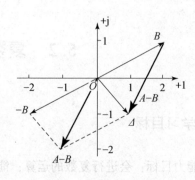

图 5-8

3. 三角形式的乘法和除法运算

设 $A = r_1(\cos\varphi_1 + \mathrm{j}\sin\varphi_1)$，$B = r_2(\cos\varphi_2 + \mathrm{j}\sin\varphi_2)$.

（1）乘法 $A \times B = r_1(\cos\varphi_1 + \mathrm{j}\sin\varphi_1) \times r_2(\cos\varphi_2 + \mathrm{j}\sin\varphi_2)$

$$= r_1 \mathrm{e}^{\mathrm{j}\varphi_1} \cdot r_2 \mathrm{e}^{\mathrm{j}\varphi_2} = r_1 r_2 \mathrm{e}^{\mathrm{j}(\varphi_1 + \varphi_2)}$$

$$= r_1 r_2 [\cos(\varphi_1 + \varphi_2) + \mathrm{j}\sin(\varphi_1 + \varphi_2)].$$

（2）除法 $A \div B = r_1(\cos\varphi_1 + \mathrm{j}\sin\varphi_1) \div r_2(\cos\varphi_2 + \mathrm{j}\sin\varphi_2)$

$$= r_1 \mathrm{e}^{\mathrm{j}\varphi_1} \div \cdot r_2 \mathrm{e}^{\mathrm{j}\varphi_2} = r_1 r_2 \mathrm{e}^{\mathrm{j}(\varphi_1 - \varphi_2)}$$

$$= \frac{r_1}{r_2} [\cos(\varphi_1 - \varphi_2) + \mathrm{j}\sin(\varphi_1 - \varphi_2)].$$

也就是说，两个复数三角形式的乘积仍是复数，它的模是两个乘积因子模的积，它的辐角是两个乘积因子辐角的和. 两个复数三角形式的商的模是分子和分母模的商，辐角是分子和分母辐角的差.

推广到复数三角形式的乘方：

若 $A = r(\cos\varphi + \mathrm{j}\sin\varphi)$，则乘方 $A^n = r^n(\cos n\varphi + \mathrm{j}\sin n\varphi)$.

4. 指数形式的乘法和除法运算

设 $A = r_1 \mathrm{e}^{\mathrm{j}\varphi_1}$，$B = r_2 \mathrm{e}^{\mathrm{j}\varphi_2}$，则有：

（1）乘法 $A \times B = r_1 \mathrm{e}^{\mathrm{j}\varphi_1} \times r_2 \mathrm{e}^{\mathrm{j}\varphi_2} = r_1 r_2 \mathrm{e}^{\mathrm{j}(\varphi_1 + \varphi_2)}$；

（2）乘方 $A^n = (r\mathrm{e}^{\mathrm{j}\varphi})^n = r^n \mathrm{e}^{\mathrm{j}n\varphi}$；

（3）除法 $A \div B = r_1 \mathrm{e}^{\mathrm{j}\varphi_1} \div r_2 \mathrm{e}^{\mathrm{j}\varphi_2} = \frac{r_1}{r_2} \mathrm{e}^{\mathrm{j}(\varphi_1 - \varphi_2)}$.

也就是说，两个复数相乘，则模相乘，辐角相加；两个复数相除，则模相除，辐角相减；复数的乘方，则模的乘方，辐角乘以乘方倍.

5. 极坐标形式的乘法和除法运算

如果参与运算的复数以极坐标形式给出，即 $A = r_1 \angle \varphi_1$，$B = r_2 \angle \varphi_2$，那么计算 $A \times B$ 和 $A \div B$ 将十分轻松.

（1）乘法 $A \times B = (r_1 \angle \varphi_1) \times (r_2 \angle \varphi_2) = r_1 \mathrm{e}^{\mathrm{j}\varphi_1} \cdot r_2 \mathrm{e}^{\mathrm{j}\varphi_2}$

$$= r_1 r_2 \mathrm{e}^{\mathrm{j}(\varphi_1 + \varphi_2)} = r_1 r_2 \angle (\varphi_1 + \varphi_2).$$

（2）除法 $A \div B = (r_1 \angle \varphi_1) \div (r_2 \angle \varphi_2) = r_1 \mathrm{e}^{\mathrm{j}\varphi_1} \div r_2 \mathrm{e}^{\mathrm{j}\varphi_2}$

$$= \frac{r_1}{r_2} e^{j(\varphi_1 - \varphi_2)} = \frac{r_1}{r_2} \angle (\varphi_1 - \varphi_2).$$

也就是说,两个复数相乘,则模相乘,辐角相加;两个复数相除,则模相除,辐角相减.

复数的混合运算有两层含意,一是运算不止一种,二是复数的形式多样,因此,算法的选择有一定的技巧. 在电路计算中,极坐标形式与代数形式的四则混合运算尤其多见.

能力训练 5 - 2 - 2 设 $A = 3$,$B = 2 - j5$,求 $C = \dfrac{1}{A} + \dfrac{1}{B}$,并将结果化为极坐标形式.

解 $C = \dfrac{1}{3} + \dfrac{1}{2 - j5} = \dfrac{2 - j5 + 3}{3(2 - j5)} = \dfrac{5\ (1 - j)(2 + j5)}{3\ (2 - j5)(2 + j5)}$

$$= \frac{35 - j15}{87} = 0.402 + j0.172 = 0.438 \angle 23.1° = 0.438 \angle 23.1°.$$

能力训练 5 - 2 - 3 已知 $A = 6 - j8$,$B = -4.33 + j2.5 = 5\angle 150°$. 求:$A - B$,$A \times B$,$\dfrac{A}{B}$.

解 $A - B = (6 - j8) - (-4.33 + j2.5) = 10.33 - j10.5$. 因为 $6 - j8 = 10 \angle -53.13°$,所以

$$A \times B = (10 \angle -53.13°) \times (5 \angle 150°) = 50 \angle 96.87°,$$

$$\frac{A}{B} = \frac{10 \angle -53.13°}{5 \angle 150°} = 2 \angle -203.13° = 2 \angle 156.87°.$$

能力训练 5 - 2 - 4 计算 $(\sqrt{3} + j)^5$.

解 因为 $\sqrt{3} + j = 2\left(\dfrac{\sqrt{3}}{2} + j\dfrac{1}{2}\right) = 2\left(\cos\dfrac{\pi}{6} + j\sin\dfrac{\pi}{6}\right)$,所以 $(\sqrt{3} + j)^5 =$

$2^5\left(\cos\dfrac{5\pi}{6} + j\sin\dfrac{5\pi}{6}\right) = 32 \angle \dfrac{5\pi}{6}$.

知识点 2:复数的应用

复数的相量表示

构造一个复数 $A = \sqrt{2}I e^{j(\varphi + \omega t)} = \sqrt{2}I\cos(\varphi + \omega t) + j\sqrt{2}I\sin(\varphi + \omega t)$.

对 A 取虚部得正弦函数 $I(A) = \sqrt{2}I\sin(\omega t + \varphi) = i(t)$.

上式表明对于任意一个正弦时间函数都有唯一与其对应的复数函数,即

$$i(t) = \sqrt{2}I\sin(\omega t + \varphi) \leftrightarrow A = \sqrt{2}Ie^{j(\varphi + \omega t)}$$

A 还可以写成 $A = \sqrt{2}Ie^{j(\varphi + \omega t)} = \sqrt{2}Ie^{j\varphi}e^{j\omega t} = \sqrt{2}\dot{I}e^{j\omega t}$.

称复常数 $\dot{I} = I\angle\varphi$ 为正弦函数 $i(t) = \sqrt{2}I\sin(\omega t + \varphi)$ 对应的**相量**, 它包含了 $i(t)$ 的两个要素: 有效值 I 和初相 φ. 任意一个正弦函数都有唯一与其对应的**复数相量**, 即

$$i(t) = \sqrt{2}I\sin(\omega t + \varphi) \leftrightarrow \dot{I} = I\angle\varphi.$$

能力训练 5 - 2 - 5　已知 $i = 141.4\sin(314t + 30°)\,A$, $u = 311.1\sin(314t - 60°)\,V$, 试用相量表示 i, u.

解　$i = 141.4\sin(314t + 30°)A \leftrightarrow$ 相量 $\dot{I} = \dfrac{141.4}{\sqrt{2}}\angle 30° = 100\angle 30°A$,

$$u = 311.1\sin(314t - 60°)V \leftrightarrow 相量\ \dot{U} = \dfrac{311.1}{\sqrt{2}}\angle -60° = 220\angle -60°V.$$

能力训练 5 - 2 - 6　设已知两个正弦电流分别为

$$i_1 = 70.7\sin(314t - 30°)A,$$

$$i_2 = 60\sin(314t + 60°)A.$$

求 $i = i_1 + i_2$.

解　(1) 把正弦函数用相量表示, 有

$$i_1 = 70.7\sin(314t - 30°)A \leftrightarrow \dot{I}_1 = \dfrac{70.7}{\sqrt{2}}\angle -30°A,$$

$$i_2 = 60\sin(314t + 60°)A \leftrightarrow \dot{I}_2 = \dfrac{60}{\sqrt{2}}\angle 60°A.$$

(2) 计算对应相量的和.

$$\dot{I} = \dot{I}_1 + \dot{I}_2 = \dfrac{70.7}{\sqrt{2}}\angle -30° + \dfrac{60}{\sqrt{2}}\angle 60° = 43.3 - j25 + 21.2 + j36.8 = 64.5 + j11.8$$

$$= 65.5\angle 10.37°\ (A).$$

(3) 写出对应的正弦电流: $i = 65.5\sqrt{2}\sin(314t + 10.37°) = 92.6\sin(314t + 10.37°)(A)$.

三、专业 (或实际) 应用案例

案例 5 - 2 - 1 [电阻分量和电抗分量]

在电路分析中, 一个无源二端网络可以用一个等效复阻抗和一个等效复导纳代替,

当端口电压、电流相同时，复阻抗 $Z = R + jX$ 与复导纳 $Y = G - jB$ 满足如下关系式：$Z = \dfrac{1}{Y}$，其中 R，X 分别是串联等效电路的电阻分量和电抗分量，G，B 分别是并联等效电路的电导分量和电纳分量. 如果已知 R，X，试求并联等效电路的电导分量 G 和电纳分量 B.

解　$Y = \dfrac{1}{Z} = \dfrac{1}{R + jX} = \dfrac{R - jX}{(R + jX)(R - jX)} = \dfrac{R}{R^2 + X^2} - j\dfrac{X}{R^2 + X^2}$，所以电导分量 $G = \dfrac{R}{R^2 + X^2}$，电纳分量 $B = \dfrac{X}{R^2 + X^2}$.

案例 5 - 2 - 2　已知 $\dot{U} = 3.6 \angle -56.3°$，$Z_1 = 2 + j2$，$Z_2 = 4.59 - j0.895$，试运用分压公式 $\dot{U}_1 = \dot{U}\dfrac{Z_1}{Z_1 + Z_2}$ 计算 $\dot{U}_1$.

解　$\dot{U}_1 = \dot{U}\dfrac{Z_1}{Z_1 + Z_2} = 3.6 \angle -56.3° \times \dfrac{2 + j2}{2 + j2 + 4.59 - j0.895}$

$\qquad\qquad = 3.6 \angle -56.3° \times \dfrac{2 + j2}{6.59 - j1.105}$

$\qquad\qquad = 3.6 \angle -56.3° \times \dfrac{2.82 \angle 45°}{6.69 \angle 9.55°} = 1.52 \angle -20.85°$.

案例 5 - 2 - 3［电容的电压］

在纯电容电路中，流过 0.5F 电容的电流为 $i(t) = \sqrt{2}\sin(100t - 30°)\,\text{A}$，试求电容的电压 $u(t)$，并绘制相量图.

解　（1）将已知的正弦量用对应的相量表示：

$$i(t) = \sqrt{2}\sin(100t - 30°) \Rightarrow 1 \angle -30° = \dot{I}.$$

（1）根据公式 $\dot{I} = j\omega C\dot{U}$ 求电压相量：

$$\dot{U} = \dfrac{\dot{I}}{j\omega C} = \dfrac{1 \angle -30°}{100 \times 0.5 \times 1 \angle 90°} = 0.02 \angle -120°.$$

（2）将相量 $\dot{U}$ 化为对应的瞬时值形式的正弦量 $u(t)$：

$$u(t) = 0.02\sqrt{2}\sin(100t - 120°).$$

（3）相量图如图 5 - 9 所示.

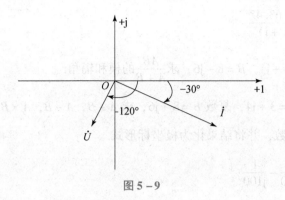

图 5 – 9

小知识大哲理

数学思想是指人们对数学理论和内容本质的认识，数学方法是数学思想的具体形式，两者本质相同，通常混称为"数学思想方法"。数学思想方法是数学研究的灵魂和指南，主要包括函数与方程、数形结合、分类与整合、归化与转化、特殊与一般、有限与无限和偶然与必然 7 种，其中，化归与转化是最常见，也是最重要的数学思想方法之一，在复数的运算与应用的学习中需掌握这种方法。

课后能力训练 5.2

1. 填空题

（1） $3 + j2 - \dfrac{1}{j} = $ _____.

（2） $(1 - j)(2 + j2) = $ _____.

（3） $\dfrac{j}{6 - j8} = $ _____.

（4） $\dfrac{2\angle30° \times 3\angle60°}{5\angle-45°} = $ _____.

2. 计算题

（1）已知 $A = 4 + j3$，$B = 5\sqrt{2}\angle45°$，求：$A - B$，$A \times B$，$\dfrac{A}{A + B}$。

（2）求 $\dfrac{22.36\angle 63.4°}{j2+(1+j)}$.

（3）已知 $A=3+j4$，$B=8-j6$，求 $\dfrac{AB}{A+B}$ 的模和辐角.

3. 已知复数 $A=3+j4$，复数 $B=8+j6$，求 $A+B$，$A-B$，$A\times B$，$A\div B$.

4. 求下列各复数，并将结果化为极坐标形式.

（1）$\dfrac{1}{-j20}+\dfrac{1}{j50}-\dfrac{1}{j100}$；

（2）$\dfrac{(4+j2)-(6+j8)}{-j}$；

（3）$\dfrac{220\angle -120°}{8.66+j5}$.

5. 已知：$\dot{U}=4.4\angle -53.13°$，$Z_1=2+j3.5$，$Z_2=4.59-j5$，试运用分压公式 $\dot{U}_1=\dot{U}\dfrac{Z_1}{Z_1+Z_2}$ 计算 $\dot{U}_1$.

6. 求下列复数的值.

（1）$(1+j)^{20}$；　　　　（2）$\left(\dfrac{2-j}{\sqrt{2}-j2}\right)^9$.

7. 电路如图 5-10 所示，已知 $u_1=6\sqrt{2}\sin(\omega t+30°)\text{V}$，$u_2=4\sqrt{2}\sin(\omega t+60°)\text{V}$，求电压 u.

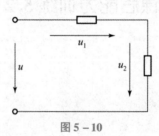

图 5-10

8. 一个 $C=20\ \mu F$ 的电容元件，接于电压为 $u(t)=50\sqrt{2}\sin(1\,000t-60°)\text{V}$ 的电源上，求电流相量和电流瞬时值表达式.

综合能力训练 5

1. 若 $A=(-3+j2)-(7-j5)$，则 $I_m(A)=$ _____.

2. $j = \underline{\hspace{2cm}}$, $-j = \underline{\hspace{2cm}}$ （化为极坐标形式）.

3. 把下列复数的代数形式化为极坐标形式，把极坐标形式化为代数形式.

（1）$A = 4 + j3$, $A = 6 - j8$, $A = -8 - j6$, $A = -j4$;

（2）$A = 10\angle 60°$, $A = 3\angle -53.13°$, $A = 4\angle 143.13°$, $A = 5\angle 90°$.

4. 写出下列正弦电压对应的相量.

（1）$u_1 = 100\sqrt{2}\sin(\omega t - 30°)$;

（2）$u_2 = 220\sqrt{2}\sin(\omega t + 45°)$;

（3）$u_3 = 110\sqrt{2}\sin(\omega t + 60°)$.

5. 写出下列相量对应的正弦量.

（1）$\dot{U}_1 = 100\angle -120°$ V;

（2）$\dot{U}_2 = -50 + j86.6$ V;

（3）$\dot{U}_3 = 50\angle 45°$ V.

6. 已知：复数 $A = 6 + j8$, 复数 $B = 4 - j4$, 求 $A + B$, $A - B$, $A \times B$, $A \div B$.

7. 计算下列复数.

（1）$5\angle 47° + 10\angle -25°$;

（2）$220\angle 35° + \dfrac{(17 + j9)(4 + j6)}{20 + j5}$.

8. 若 $U = 220\angle 0°$, $Z_1 = 0.1 + j0.2$, $Z_2 = 6 + j8$, $Z_3 = 8 + j6$, 试计算：（1）$Z = Z_1 + \dfrac{Z_2 Z_3}{Z_2 + Z_3}$;（2）$I = \dfrac{U}{Z}$.

9. 设有两个同频率正弦电流 $i_1 = 3\sqrt{2}\sin(314t + 30°)$ A, $i_2 = 4\sqrt{2}\sin(314t - 60°)$ A, 求电流 $i = i_1 + i_2$.

数学文化阅读与欣赏

——数的发展

数的概念是从实践中发展起来的. 早在人类社会初期，人们在狩猎、采集果实等劳动中由于计数的需要，就产生了 1，2，3，4 等数的概念以及表示"没有"的数 0. 自然数的整体构成了自然数集 N.

在自然数集中，加法、乘法运算总可以实施，并且加法与乘法满足交换律、结合律以及分配律.

随着生产和科学的发展，数的概念也得到了发展.

为了解决测量、分配中遇到的将某些量进行分份的问题，人们引进了分数.

无论是分数的确切定义和科学表示，还是分数的算法，最早都是由我们的祖先建立起来的，这是我国对世界数学的杰出贡献之一. 如在 1 世纪的《九章算术》中，已经有约分、通分及分数的四则运算等知识.

引进了分数之后，分份和度量等问题以及自然数相除（除数不为 0）的问题也就解决了，并且产生了小数.

为了表示各种相反意义的量以及满足计数法的需要，人们又引进了负数. 这样就把数集扩充到有理数集 Q. 显然，自然数集是有理数集的真子集. 如果把正数看作分母为 1 的分数，那么有理数集实际上就是分数集.

分数的引进，是我国古代数学家对数学的又一巨大贡献.

负数概念引进后，整数集和有理数集就完整地形成了.

整数集解决了自然数集中不够减的问题，有理数集解决了整数集不能整除的问题，但它们都满足加法、乘法的运算律.

有些量与量之间的比值，例如由正方形的边长度量它的对角线所得的结果，无法用有理数表示. 为了解决这个矛盾，人们又引进了无理数. 所谓无理数，就是无限不循环小数. 有理数集与无理数集合在一起，就构成实数集 R. 因为有理数都可看作循环小数（包括整数、有限小数），无理数都是无限不循环小数，所以从这个意义上来说，实数集实际上就是小数集.

实数解决了开方开不尽的问题，实数集不仅满足加法与乘法的运算律，而且在实数集中，加法、减法、乘法、除法（除数不为 0）、乘方运算总可以实施. 但是，数集扩充到实数集 R 以后，一元二次方程 $ax^2 + bx + c = 0$，当 $\Delta < 0$ 时仍然无解. 为了使所有一元二次方程都有解，人们又引进了虚数，使数集扩充到复数集.

历史上，人类对虚数的认识与对零、负数、无理数的认识一样，经历了漫长的过程.

众所周知，在实数范围内负数的偶次方根不存在. 1545 年，意大利人卡尔达诺讨

论了这样一个问题：把 10 分成两部分，使它们的积为 40. 他找到的答案是 $5 + \sqrt{-15}$

或 $5 - \sqrt{-15}$，即

$$(5 + \sqrt{-15}) + (5 - \sqrt{-15}) = 10,$$

$$(5 + \sqrt{-15})(5 - \sqrt{-15}) = 40.$$

卡尔达诺没有因为 $5 + \sqrt{-15}$ 违反实数最基本的原则而予以否定，他给这个自己还找不到合理解释的数起了个名字——虚数. 由理论推导得出的数 $5 + \sqrt{-15}$ 表示自然界中哪些量呢？"虚数"这个令人不解的"怪物"困扰数学界达一百多年之久. 即使在 1730 年带棣莫佛得到公式 $(\cos\theta + j\sin\theta)^n = \cos n\theta + j\sin n\theta (n \in N_+)$，1748 年欧拉发现关系式 $e^{j\theta} = \cos\theta + j\sin\theta$ 的情况下，这种困扰仍无法消除.

随着科学技术的发展，1831 年德国数学家高斯创立了虚数的几何表示，它被理解为平面上的点或向量，即复数 $z = a + bj$ 与平面直角坐标内的点 $Z(a,b)$ 和向量 $\overrightarrow{OZ}$ 相互对应，从而与物理学上的各种向量沟通，使复数成为研究力、位移、速度、加速度等的强有力的工具. 例如在电路或者电工学中，交流的电压、电流都可用复数表示：

$$u = U_m[\cos(\omega t + \varphi) + j\sin(\omega t + \varphi)],$$

$$i = I_m[\cos(\omega t + \varphi) + j\sin(\omega t + \varphi)].$$

第6章 函数与极限

【名人名言】

数学的转折点是笛卡儿的变量,有了变量,运动进入了数学;有了变量,辩证法进入了数学;有了变量,微分和积分因此产生.

——恩格斯

【本章导学】

自 15 世纪末开始,自然科学的一系列发展(如哥白尼的日心说、开普勒的行星运动三大定律、伽利略用望远镜观察浩瀚星空等),粉碎了人们原来的认知(如世界是静止不动的、天体是神造的教条),人们逐渐认识到,自然界中从最小质点到最大物体,以及人类社会的各项活动,都处在永恒的运动和变化过程中.

如何从数量角度描述变化和运动的世界,成为人们普遍关心和必须解决的重大问题. 人们先从最简单的变化过程入手,探讨一个量随另一个量变化而变化的情形,这样就使"函数"成为研究对象. 由于函数主要是对不均匀变化过程的描述,所以对变化过程的局部研究成为人们关注的重点. 为此,人们引入了极限的概念,着重研究变化过程的局部变化趋势. 极限的引入为解决许多实际问题提供了新思路,微积分中的许多基本概念(如导数、微分、积分等)都是建立在极限的基础上的.

【学习目标】

能力目标:会求函数值;会将一个复合函数拆分成几个基本初等函数或简单函数;会计算函数的极限,并会将极限的思想与专业(或实际)问题结合,解决专业上(或现实中)的问题.

知识目标:理解函数的基本概念;了解基本初等函数的性质和图像;理解函数的极限概念;了解无穷小与无穷大的概念;掌握无穷小的性质;掌握求函数值及函数极限的方法.

素质目标:培养分工合作、独立完成任务的能力;养成系统分析问题、解决问题的能力.

高等数学主要研究的是变量,着重研究的是变量与变量之间的依赖关系,即函数关系. 极限理论是高等数学的基础,高等数学中的基本概念都是借助极限方法进行描述的, 它是研究高等数学的重要工具和思想方法, 理解极限概念是学好高等数学的关键. 本章主要复习和巩固函数的一些基础知识, 介绍函数极限的概念和函数极限的求法.

6.1 函数的概念及性质

一、学习目标

能力目标: 会建立基本的、简单的、生活中常见的数学模型; 会分析函数结构和确定函数的定义域; 能求函数值.

知识目标:: 理解函数的基本概念; 了解函数的几个特性; 掌握函数求值、定义域计算方法; 掌握建立函数关系的方法.

二、知识链接

知识点 1: 函数的概念

"万物皆变" ———行星在宇宙中的位置随时间变化、气温随海拔变化、树高随树龄而变化……, 在你周围的事物中, 这种一个量随另一个量的变化而变化的现象大量存在.

为了研究这些运动变化现象中变量间的依赖关系, 数学中逐渐形成了函数概念, 人们通过研究函数及其性质, 更深入地认识现实中许多运动变化的规律.

定义 6-1-1 设 x 和 y 是两个变量, D 是一个非空实数集. 如果对于 D 中的每一个数 x, 按照某种对应法则 f, 都有唯一确定的实数 y 与之对应, 则称 y 是定义在 D 上的 x 的函数, 记作

$$y = f(x), x \in D.$$

其中, D 称为函数的**定义域**, x 称为**自变量**, y 称为**函数** (或因变量).

对于确定的 $x_0 \in D$, 与之对应的 y_0 称为 $y = f(x)$ 在 x_0 处的**函数值**, 记作

$$y_0 = f(x_0) \quad \text{或} \quad y_0 = y \big|_{x=x_0}.$$

当 x 取遍 D 中的所有数值时, 对应的函数值全体构成的数集

$$M = \{ y \mid y = f(x), x \in D \}$$

称为该函数的**值域**.

对应法则也常用 φ，h，g，F 等表示，这时，函数也就相应记作 $\varphi(x)$，$h(x)$，$g(x)$，$F(x)$ 等，有时为简单起见，函数关系也可记作 $y = y(x)$.

知识点 2：函数的两个要素

函数的定义域和对应法则是构成函数的两个要素. 也就是说，两个函数相同的充分必要条件是定义域和对应法则分别相同.

例如：$y = \sqrt{x}$ 与 $w = \sqrt{h}$ 是两个相同的函数.

又如：$f(x) = \sin^2 x$ 与 $g(x) = (\sin x)^2$ 也是两个相同的函数.

但是，$f(x) = \sin^2 x$，$g(x) = \sin x^2$ 却是两个不同的函数.

（1）定义域：使函数表达式有意义的自变量 x 的取值范围称为函数的定义域.

给定一个函数，就意味着其定义域是同时给定的，如果所讨论的函数纯粹是一个解析式，没有其他任何附加条件，则其定义域应使它在数学上有意义，在具体求函数的定义域时，往往需要考虑以下因素.

①若函数表达式含有分母，则分母不能为零；

②若函数表达式含有根式，则偶次根号里的式子大于等于零；

③若函数表达式含有对数，则对数的真数大于零；

④若函数表达式含有正切，则正切符号下的式子不等于 $k\pi + \dfrac{\pi}{2}$，$k \in \mathbf{Z}$；

⑤若函数表达式含有余切，则余切符号下的式子不等于 $k\pi$，$k \in \mathbf{Z}$；

⑥若函数表达式含有反正弦、反余弦，则反正弦、反余弦符号下的式子的绝对值小于等于 1.

若一个函数中同时包含两部分，则其定义域为各自定义域的交集，即 $D = D_1 \cap D_2 \cdots \cap D_n$.

如果所讨论的函数来自某个实际问题，则其定义域除了保证解析式有意义外，还必须符合实际意义，即要使该函数在实际问题中有意义.

例如：在自由落体运动中，物体下落的距离 S 随下落时间 t 的变化而变化，下落距离 S 与时间 t 的关系为

$$S = \frac{1}{2}gt^2.$$

如果不考虑实际问题本身，则该函数的定义域为 $t \in [0, +\infty)$，但因物体是做自由落体运动，物体下落到地面时，自由落体运动就终止了，因此该函数的定义域应为 $t \in [0, T]$，其中 T 是落地时刻.

能力训练 6-1-1 求函数 $y = \sqrt{4-x} + \ln(x+3)$ 的定义域.

解 因为 $\begin{cases} 4-x \geq 0 \\ x+3 > 0 \end{cases}$，解得 $-3 < x \leq 4$，所以函数的定义域为 $(-3, 4]$.

（2）对应法则：由自变量的取值确定因变量取值的规律.

"函数"表达了因变量与自变量的一种对应规则，这种对应规则用字母 f 表示. 因此，f 是一个函数符号，它表示当自变量取值为 x 时，因变量 y 的取值为 $f(x)$.

能力训练 6-1-2 说出函数 $f(x) = 2x^3 - 5x + 3$ 的对应法则.

f 确定的对应法则是

$$f(\ ) = 2(\ )^3 - 5(\ ) + 3.$$

知识点 3：函数的表示法

函数通常有 3 种表示方法：**公式法、列表法和图像法**.

公式法：函数的对应法则直接用数学式子给出，这种表示函数的方法叫作公式法，也称为解析法，其优点是便于理论推导和计算. 公式法是表示函数的主要方法.

例如：$y = \sqrt{4-x} + \ln(x+3)$，$f(x) = 2x^3 - 5x + 3$ 等都是用公式法表示的函数.

列表法：将函数中一系列自变量的值与对应的因变量的值用表格表示，这种表示函数的方法称为列表法. 列表法的优点是所求函数值容易查得，如三角函数表、对数函数表等.

例如：某年中国银行的各种期限的整存整取年利率如表 6-1 所示.

表 6-1

计息周期	3个月	6个月	1年	2年	3年	5年
年利率/%	1.35	1.55	1.75	2.25	2.75	2.75

图像法：将函数关系通过坐标系中的图像变化给出，这种表示函数的方法称为图像法. 图像法的优点是直观形象，可以看到函数的变化趋势. 此方法在工程技术领域应用较普遍.

例如：单位阶跃函数是电学中的一个常用函数，如图 6 - 1 所示，其表达式为

$$u(t) = \begin{cases} 0, t < 0 \\ 1, t \geq 0 \end{cases}.$$

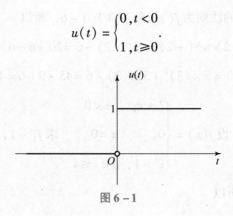

图 6 - 1

知识点 4：分段函数

有些函数在其定义域的不同区间上用不同的解析式表示，这类函数称为**分段函数**，例如符号函数

$$\mathrm{sgn} x = \begin{cases} 1, & x > 0 \\ 0, & x = 0 \\ -1, & x < 0 \end{cases},$$

又如函数 $y = \begin{cases} x + 3, & x \geq 0 \\ 1 - x, & x < 0 \end{cases}$，它在 $(-\infty, 0)$ 及 $[0, +\infty)$ 内的表达式不相同，这样的函数都是分段函数.

画分段函数图像时，应根据不同段定义域上的解析式分别作出，再将它们组合在一起得出整个分段函数的图像，如符号函数的图像如图 6 - 2 所示. 分段函数的定义域是各段自变量取值范围的并集.

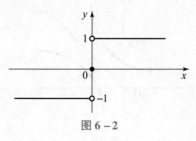

图 6 - 2

知识点 5：函数值

将 $x = a$ 代入 $y = f(x)$ 所得 $f(a)$，称为函数在该点处的函数值，记为 $f(a) = f(x) \big|_{x=a}$.

能力训练 6 - 1 - 3 设函数 $f(x) = 5x^2 + 3x - 6$，求 $f(-2)$，$f(3)$.

解 因为 $f(x)$ 对应的法则为 $f(\ ) = 5(\ )^2 + 3(\ ) - 6$，所以

$$f(-2) = 5(-2)^2 + 3(-2) - 6 = 20 - 6 - 6 = 8,$$

$$f(3) = 5 \times (3)^2 + 3 \times (3) - 6 = 45 + 9 - 6 = 48.$$

能力训练 6 - 1 - 4 设 $f(x) = \begin{cases} 2 + x, & x < 0 \\ 0, & x = 0 \\ x^2 - 1, & 0 < x \leqslant 4 \end{cases}$，求 $f(-1)$，$f(2)$.

解 因为 $-1 < 0$，所以

$$f(-1) = 2 + (-1) = 1.$$

因为 $0 < 2 \leqslant 4$，所以

$$f(2) = 2^2 - 1 = 3.$$

知识点 6：反函数

定义 6 - 1 - 2 设有函数 $y = f(x)$，其定义域为 D，其值域为 M. 若对 M 中的每一个 y 值，在 D 中都可由关系式 $y = f(x)$ 确定唯一的一个 x 值与之对应，这样便形成了一个定义在 M，以 y 为自变量，以 x 为因变量的新函数，这个函数叫作函数 $y = f(x)$ 的**反函数**，记为 $x = f^{-1}(y)$，其定义域为 M，值域为 D.

习惯上常用 x 表示自变量，用 y 表示因变量，因此，今后将函数 $y = f(x)$ 的反函数 $x = f^{-1}(y)$ 写成 $y = f^{-1}(x)$.

函数 $y = f(x)$ 与 $y = f^{-1}(x)$ 的图像关于直线 $y = x$ 对称，如图 6 - 3 所示.

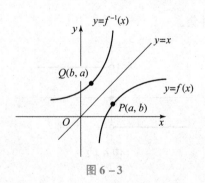

图 6 - 3

能力训练 6 - 1 - 5 求函数 $y = 2x - 3$ 的反函数，并在同一直角坐标系中作出它们的图像.

解 由 $y = 2x - 3$ 得 $x = \dfrac{y+3}{2}$，故反函数为 $y = \dfrac{x+3}{2}$，它们的图像如图 6-4 所示.

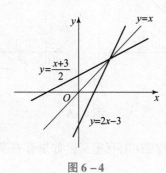

图 6-4

知识点 7：函数的几种特性

（1）奇偶性：设函数 $f(x)$ 的定义域 D 关于原点对称，如果对于任意 $x \in D$ 恒有 $f(-x) = f(x)$，则称 $f(x)$ 为**偶函数**；如果对于任意 $x \in D$ 恒有 $f(-x) = -f(x)$，则称 $f(x)$ 为**奇函数**.

偶函数的图像关于 y 轴对称［图 6-5（a）］，奇函数的图像关于原点对称［图 6-5（b）］.

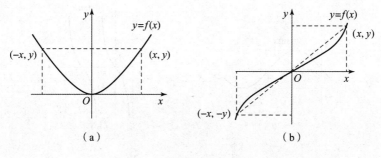

（a）　　　　　　　　　　　（b）

图 6-5

（2）单调性：设函数 $f(x)$ 在区间 D 上有定义，若对于区间 D 内任意两点 x_1，x_2，当 $x_1 < x_2$ 时，有 $f(x_1) < f(x_2)$ 成立，则称函数 $f(x)$ 在区间 D 上**单调递增**［图 6-6（a）］，区间 D 称为函数 $f(x)$ 的**单调递增区间**；如果当 $x_1 < x_2$ 时，有 $f(x_1) > f(x_2)$ 成立，则称函数 $f(x)$ 在区间 D 上**单调递减**［图 6-6（b）］，区间 D 称为函数 $f(x)$ 的**单调递减区间**.

单调递增函数和单调递减函数统称单调函数，单调递增区间和单调递减区间统称单调区间.

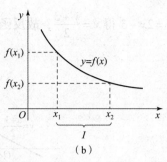

图 6-6

（3）有界性：设函数 $f(x)$ 在 D 上有定义，如果存在某一正数 M，使得对于任意的 $x \in D$，都有

$$|f(x)| \leqslant M$$

成立，则称函数 $f(x)$ 在 D 内**有界**；如果找不到这样的正数 M，则称 $f(x)$ 在 D 内**无界**.

例如，函数 $f(x) = \sin x$ 在 $(-\infty, +\infty)$ 上有界，如图 6-7（a）所示；函数 $f(x) = \tan x$ 在 $\left(-\dfrac{\pi}{3}, \dfrac{\pi}{3}\right)$ 上有界，而在 $\left(-\dfrac{\pi}{2}, \dfrac{\pi}{2}\right)$ 上无界，如图 6-7（b）所示；函数 $f(x) = \dfrac{1}{x}$ 在 $(0, 1)$ 上无界，而在 $(1, +\infty)$ 上有界，如图 6-7（c）所示.

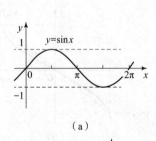

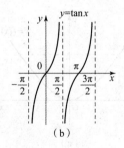

（a）　　　　　　　　　　（b）

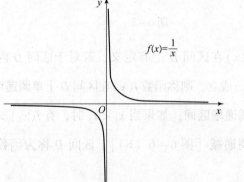

（c）

图 6-7

由以上例子可以看出，说一个函数是有界或无界时，应指出其自变量的相应范围.

（4）周期性：设函数 $f(x)$ 在区间 D 上有定义，如果存在不为零的常数 T，使得对于任意的 $x \in D$，有 $x + T \in D$，且

$$f(x + T) = f(x)$$

成立，那么称 $f(x)$ 是**周期函数**，T 称为 $f(x)$ 的一个周期. 通常所说的周期函数的周期是指它的最小正周期.

例如，$y = \sin x$ 的周期是 2π，如图 6-7（a）所示；$y = \tan x$ 的周期是 π，如图 6-7（b）所示.

三、专业（或实际）应用案例

案例 6-1-1 汽车油箱中有汽油 50 L，如果不再加油，那么油箱中的油量 y（单位：L）随行驶路程 x（单位：km）的增加而减少，耗油量为 0.1 L/km，试问当汽车行驶 200 km 时，油箱中还有多少油？

解 首先建立油箱中的油量 y 与行驶路程 x 的函数关系，由题意得

$$y = 50 - 0.1x, 0 \leq x \leq 500.$$

把 $x = 200$ 代入上式，得

$$y = 50 - 0.1 \times 200 = 30,$$

所以，当汽车行驶 200 km 时，油箱中还有 30 L 汽油.

大国工匠：广州塔

广州塔（图 6-8）又称"小蛮腰"，位于中国广东省广州市海珠区赤岗塔附近，距离珠江南岸 125 m，与珠江新城、花城广场、海心沙岛隔江相望. 广州塔塔身主体高 454 m，天线桅杆高 146 m，总高度为 600 m. 广州塔中部扭转形成"纤纤细腰"的椭圆形，外观为空间曲面，随着高度的盘旋升高，直径却逐渐减小. 广州塔以中国第一、世界第三的旅游观光塔的地位，向世人展示腾飞广州、挑战自我、面向世界的视野和气魄.

图 6 – 8

课后能力训练 6.1

1. 下列各题中所给的函数是否相同？为什么？

(1) $y = \dfrac{x^2 - 4}{x + 2}$ 与 $y = x - 2$；

(2) $f(x) = \dfrac{x}{|x|}$ 与 $g(x) = 1$；

(3) $y = (\sqrt{x})^2$ 与 $y = \sqrt{x^2}$；

(4) $f(x) = \dfrac{(x+1)(x-3)}{x+1}$ 与 $g(x) = x - 3$.

2. 求下列函数的定义域.

(1) $y = \sqrt{2x - 4}$；

(2) $y = \dfrac{1}{x^2 - 1}$；

(3) $y = \lg(x - 3)$；

(4) $y = \dfrac{1}{x} - \sqrt{1 - x^2}$.

3. (1) 已知 $f(x) = 3x^3 - 2x + 5$，求 $f(-1)$，$f(0)$，$f(2)$.

(2) 已知 $f(x) = \begin{cases} 2x + 5, & x < 1 \\ x^2 - 2x, & x \geq 1 \end{cases}$，求 $f(-1)$，$f(0)$，$f(4)$.

4. 判断下列函数的奇偶性.

(1) $f(x) = x^3 - 5x$；

(2) $f(x) = x^2 \sin x$；

(3) $f(x) = x^4 - \cos x$；

(4) $f(x) = \dfrac{1}{2}(e^x + e^{-x})$.

5. 求下列函数的反函数.

（1）$y = 2x - 5$；

（2）$y = \dfrac{x}{1+x}$；

（3）$y = \dfrac{3x+1}{2}$；

（4）$y = 1 + \ln(x-2)$.

6. 某种活期储蓄的月利率是 0.06%，存入 $1\,000$ 元本金，求本利和 y（本金与利息的和，单位：元）随所存月数 x 变化的函数解析式，并计算存期为 4 个月时的本利和.

7. 用 100 m 长的铁丝围成一片矩形区域，试建立矩形区域面积与矩形边长之间的函数关系.

8. 某单位要建造一个容积为 V 的长方体水池，它的底为正方形，如果池底的单位面积造价为侧面单位面积造价的 2 倍，试建立总造价与底面边长之间的函数关系，并指明其定义域.

6.2　函数的分类

一、学习目标

能力目标：会区分基本初等函数、复合函数、初等函数；会分解复合函数；能识别函数的类型；能建立简单的函数模型.

知识目标：了解基本初等函数、复合函数、初等函数的概念，掌握 3 类函数的识别方法；掌握复合函数的分解原则.

二、知识链接

知识点 1：基本初等函数

基本初等函数是指**幂函数**、**指数函数**、**对数函数**、**三角函数**和**反三角函数**.

（1）幂函数：$y = x^{\alpha}$（α 为任意实数）.

（2）指数函数：$y = a^{x}$，$x \in (-\infty, +\infty)$（$a > 0, a \neq 1$）.

（3）对数函数：$y = \log_{a} x$，$x \in (0, +\infty)$（$a > 0, a \neq 1$）.

（4）三角函数：

正弦函数 $y = \sin x$，$x \in (-\infty, +\infty)$；

余弦函数 $y = \cos x$，$x \in (-\infty, +\infty)$；

正切函数 $y = \tan x$，$x \neq k\pi + \dfrac{\pi}{2}$，$k \in Z$；

余切函数 $y = \cot x$，$x \neq k\pi$，$k \in Z$；

正割函数 $y = \sec x$，$x \neq k\pi + \dfrac{\pi}{2}$，$k \in Z$；

余割函数 $y = \csc x$，$x \neq k\pi$，$k \in Z$.

（5）反三角函数：

反正弦函数 $y = \arcsin x$，$x \in [-1, 1]$，$y \in \left[-\dfrac{\pi}{2}, \dfrac{\pi}{2} \right]$；

反余弦函数 $y = \arccos x$，$x \in [-1, 1]$，$y \in [0, \pi]$；

反正切函数 $y = \arctan x$，$x \in (-\infty, +\infty)$，$y \in \left(-\dfrac{\pi}{2}, \dfrac{\pi}{2} \right)$；

反余切函数 $y = \text{arccot } x$，$x \in (-\infty, +\infty)$，$y \in (0, \pi)$.

以上函数统称**基本初等函数**，它们的图像和性质参见附录.

例如：$y = x$，$y = x^4$，$y = \sqrt{x}$，$y = x^{-2}$，$y = \dfrac{1}{x^3}$，…都是幂函数；

$y = 3^x$，$y = 5^x$，$y = e^x$，$y = \left(\dfrac{1}{2} \right)^x$，…都是指数函数；

$y = \log_5 x$，$y = \log_3 x$，$y = \ln x$，$y = \lg x$，$y = \log_{\frac{1}{2}} x$…都是对数函数.

知识点 2：复合函数

设 $y = f(u)$，而 $u = \varphi(x)$，且函数 $\varphi(x)$ 的值域全部或部分包含在函数 $f(u)$ 的定义域内，那么 y 通过 u 的联系成为 x 的函数，把 y 叫作 x 的**复合函数**，记为 $y = f[\varphi(x)]$，其中 x 叫作自变量，y 叫作因变量，u 叫作**中间变量**.

注意：并不是任何两个函数都可以复合成一个复合函数，要想复合成一个复合函数，必须满足以下条件.

复合条件：$u = \varphi(x)$ 中的值域 $M \subseteq y = f(u)$ 的定义域 D.

例如：由函数 $y = \sqrt{u}$，$u = x + 1$ 可以构成复合函数 $y = \sqrt{x + 1}$. 为了使 u 的值域包含在 $y = \sqrt{u}$ 的定义域 $[0, +\infty)$ 内，必须有 $x \in [-1, +\infty)$，因此复合函数 $y = \sqrt{x + 1}$ 的定义

域应为 $x \in [-1, +\infty)$.

又如：由函数 $y = \ln u$，$u = x^2 + 1$ 可以构成复合函数 $y = \ln(x^2 + 1)$.

但由函数 $y = \arcsin u$，$u = x^2 + 2$ 不能构成复合函数，因为 u 的值域为 $[2, +\infty)$，不在 $y = \arcsin u$ 的定义域 $[-1, 1]$ 内.

分解原则：拆分的每一个函数必须是五大基本初等函数之一或基本初等函数的四则运算式（或多项式）. 为了研究函数的需要，今后经常需要将一个复合函数分解成若干个基本初等函数或基本初等函数的四则运算式（或多项式）.

注：多项式形式为 $a_1 x^n + a_2 x^{n-1} + \cdots + a_n$.

能力训练 6 – 2 – 1 指出下列函数的复合过程.

(1) $y = (4x - 3)^5$；　　　　　(2) $y = \sin(2x + 3)$；

(3) $y = \ln \cos 2^x$；　　　　　(4) $y = \sqrt{1 - x^2}$.

解 (1) 函数的形成过程是：$x \to 4x - 3 \to (4x - 3)^5$，因此设中间变量 $u = 4x - 3$，则函数 $y = (4x - 3)^5$ 是由简单函数 $y = u^5$，$u = 4x - 3$ 复合而成的.

(2) 函数的形成过程是：$x \to 2x + 3 \to \sin(2x + 3)$，因此设中间变量 $u = 2x + 3$，则函数 $y = \sin(2x + 3)$ 是由简单函数 $y = \sin u$，$u = 2x + 3$ 复合而成的.

(3) 函数的形成过程是：$x \to 2^x \to \cos 2^x \to \ln \cos 2^x$，因此设中间变量 $u = \cos v$，$v = 2^x$，则函数 $y = \ln \cos 2^x$ 是由简单函数 $y = \ln u$，$u = \cos v$，$v = 2^x$ 复合而成的.

(4) 函数的形成过程是：$x \to 1 - x^2 \to \sqrt{1 - x^2}$，因此设中间变量 $u = 1 - x^2$，则函数 $y = \sqrt{1 - x^2}$ 是由简单函数 $y = \sqrt{u}$，$u = 1 - x^2$ 复合而成的.

知识点 3：初等函数

由基本初等函数和常数 C 经过有限次四则运算和有限次复合所构成的，并且能用一个式子表示的函数称为**初等函数**.

例如：$y = \sin x + 3x^2$，$y = \sqrt{\cos(x^2 + 5)}$ $y = 2^{\ln \sqrt{3 - \frac{1}{x}}}$，…都是初等函数.

不是初等函数的函数称为非初等函数.

例如：分段函数 $f(x) = \begin{cases} 2x + 5, & x < 1 \\ x^2 - 2x, & x \geq 1 \end{cases}$ 就不是初等函数（不能合并为用一个式子表示），但分段函数 $y = \begin{cases} x, & x \geq 0 \\ -x, & x < 0 \end{cases}$ 却是初等函数（可以合并为用一个式子表示）.

结论：除了不能合并为用同一式子表示的分段函数外，其余函数均是初等函数.

今后研究的函数主要为初等函数.

能力训练 6 - 2 - 2 识别下列函数.

(1) $y = x^2$；　　　　　(2) $y = \cos x$；　　　　　(3) $y = x^3 \sin x$；

(4) $y = \sin^2 x$；　　　(5) $y = e^{\sqrt{3x-1}}$；　　　(6) $y = \ln \sin(5x - 3)$；

(7) $y = \arccos(3 + x^2)$；　(8) $y = \sqrt{1 - \cos x^2}$；　(9) $y = \lg(5x + 3)$；

(10) $y = \begin{cases} x + 1, & x \geqslant -1 \\ -x - 1, & x < -1 \end{cases}$.

根据基本初等函数、复合函数、初等函数的定义，可知：(1)、(2) 是基本初等函数；(4)、(5)、(6)、(7)、(8)、(9) 是复合函数；所有 10 个函数都是初等函数.

三、专业（或实际）应用案例

案例 6 - 2 - 1 已知正弦交流电流 $i(t) = 16\sin\left(2t + \dfrac{\pi}{3}\right)$ 是关于时间的复合函数，请写出其复合过程.

解　函数的形成过程是：$t \to 2t + \dfrac{\pi}{3} \to 16\sin\left(2t + \dfrac{\pi}{3}\right)$，因此设中间变量 $u = 2t + \dfrac{\pi}{3}$，则函数 $i(t) = 16\sin\left(2t + \dfrac{\pi}{3}\right)$ 是由简单函数 $i(t) = 16\sin u$，$u = 2t + \dfrac{\pi}{3}$ 复合而成的.

小知识大哲理

虽然函数包括基本初等函数、复合函数、初等函数、分段函数等多种类型，但无论什么类型的函数，其本质上都表达了一种对应关系. 可见，事物是多样的，又是统一的. 同样的，世界文明是多样的，但在人类共同生活的地表上的水圈、气圈、生物圈中，世界的命运又是统一的，每个民族、每个国家的前途命运都紧紧联系在一起. 因此，我们要积极响应习近平总书记的倡导，构建人类命运共同体，风雨同舟，荣辱与共，努力把我们共同生存的这个星球建设成一个和睦的大家庭，把世界各国人民对美好生活的向往变成现实.

课后能力训练 6.2

1. 指出下列函数的复合过程.

(1) $y = (5x + 3)^6$；

(2) $y = \cos(3x + 1)$；

(3) $y = \cos e^x$；

(4) $y = \sqrt{x - x^2}$；

(5) $y = (x + \ln x)^3$；

(6) $y = \sin^2 x$；

(7) $y = \cos^2(2 - 3x)$；

(8) $y = \ln[\ln(\ln x)]$.

2. 设 $f(x) = 3x + 1$，$g(x) = 2^x$，求 $f[g(x)]$，$g[f(x)]$，$f[f(x)]$.

3. 有一边长为 a 的正方形铁片，从它的 4 个角截去相等的小正方形，然后折起各边做成一个无盖的小盒子，求它的容积与截去的正方形边长之间的函数关系.

4. 已知正弦交流电压 $u(t) = 220\sin\left(2t + \dfrac{\pi}{6}\right)$ 是关于时间的复合函数，请写出其复合过程.

6.3 极限的概念及其运算

一、学习目标

能力目标：会将极限思想与专业（或实际）问题结合，解决专业（或实际）问题；能用极限的四则运算法则求简单函数的极限.

知识目标：：理解函数极限的相关概念；掌握求极限的四则运算方法.

极限的概念是微积分最基本的概念，微积分的基本概念都用极限概念表达，极限方法是微积分最基本的方法，微分法与积分法都借助极限方法描述，因此掌握极限的概念与极限运算方法是非常重要的.

二、知识链接

知识点 1：数列极限

引例 6 – 3 – 1 [截杖问题] 我国春秋战国时期的哲学家庄子在《庄子·天下篇》

中提到"一尺之棰，日取其半，万世不竭"，其中隐含着一个无穷等比数列，即

$$\frac{1}{2}, \frac{1}{2^2}, \frac{1}{2^3}, \cdots, \frac{1}{2^n}, \cdots$$

若将此数列中的各项对应的点画到数轴上，可直观地看出，当 n 无限增大时，点 $\frac{1}{2^n}$ 无限接近原点，这说明数列的项 $\frac{1}{2^n}$ 无限接近常数 0，这就体现了极限的思想.

引例 6-3-2 [割圆术]　我国晋代数学家刘徽在《九章算术注》中提到"割之弥细，所失弥少；割之又割以至于不可割，则与圆周合体而无所失矣"，这就是所谓的割圆术. 割圆术的思路是：为了求得单位圆的面积，即圆周率 π，从圆内接正六边形开始分割圆周，边数 n 逐次倍增，随着边数 n 的无限增大，正 n 边形的面积也越来越接近圆的面积，即圆周率 π. 割圆术同样体现了极限思想.

定义 6-3-1　对于数列 $\{x_n\}$，当 n 无限增大（$n \to \infty$）时，若数列的通项 x_n 无限接近某个确定的常数 A，则称 A 为数列 $\{x_n\}$ 的**极限**，记作

$$\lim_{n \to \infty} x_n = A（或当 n \to \infty 时, x_n \to A）.$$

此时，也称数列 $\{x_n\}$ 是收敛的，且收敛于 A，否则就称数列 $\{x_n\}$ 是发散的.

能力训练 6-3-1　分析下列数列的极限是否存在.

(1) $1, \dfrac{1}{2}, \dfrac{1}{3}, \cdots$；　　　　　(2) $\dfrac{1}{2}, \dfrac{2}{2^2}, \dfrac{3}{2^3}, \cdots$；

(3) $1, 3, 5, \cdots$；　　　　　(4) $2, \dfrac{1}{2}, \dfrac{4}{3}, \cdots, \dfrac{n + (-1)^{n-1}}{n}, \cdots$；

(5) $1, -1, 1, -1, \cdots$；　　　　　(6) $C, C, C, C, \cdots$（C 为常数）.

解　(1) 该数列的通项为 $x_n = \dfrac{1}{n}$，当 n 无限增大时，通项 x_n 无限接近常数 0，因此有

$$\lim_{n \to \infty} x_n = \lim_{n \to \infty} \frac{1}{n} = 0.$$

(2) 该数列的通项为 $x_n = \dfrac{n}{2^n}$，当 n 无限增大时，通项 x_n 无限接近常数 0，因此有

$$\lim_{n \to \infty} x_n = \lim_{n \to \infty} \frac{n}{2^n} = 0.$$

(3) 该数列的通项为 $x_n = 2n - 1$，当 n 无限增大时，通项 x_n 也无限增大，因此该

数列没有极限.

（4）该数列的通项为 $x_n = \dfrac{n + (-1)^{n-1}}{n}$，当 n 无限增大时，通项 x_n 无限接近常数 1，因此有

$$\lim_{n \to \infty} x_n = \lim_{n \to \infty} \frac{n + (-1)^{n-1}}{n} = 1.$$

（5）该数列为摆动数列，它的通项为 $x_n = (-1)^{n+1}$，不会无限接近某个确定的常数，因此该数列没有极限.

（6）该数列为常数列，每一项都相等，且它的通项为 $x_n = C$，因此有

$$\lim_{n \to \infty} x_n = \lim_{n \to \infty} C = C.$$

由此得到以下结论.

（1）$\lim\limits_{n \to \infty} C = C$（$C$ 为常数）；　　　　　（2）$\lim\limits_{n \to \infty} q^n = 0$（$|q| < 1$）.

知识点 2：函数的极限

根据自变量的变化趋势不同，函数的极限分为两类：一类是当自变量 $x \to \infty$ 时函数 $f(x)$ 的极限，另一类是当自变量 $x \to x_0$ 时函数 $f(x)$ 的极限.

1. $x \to \infty$ 时，函数 $f(x)$ 的极限

"$x \to \infty$" 是指 x 的绝对值 $|x|$ 无限增大，它包含以下两种情况.

（1）x 取正值且无限增大，记作 $x \to +\infty$（图 6-9）；

（2）x 取负值且其绝对值 $|x|$ 无限增大，记作 $x \to -\infty$，（图 6-9）.

图 6-9

定义 6-3-2　当 $x \to \infty$（$|x|$ 无限增大）时，若对应的函数值 $f(x)$ 无限接近某个确定的常数 A，则称 A 为函数 $f(x)$ 当 $x \to \infty$ 时的**极限**，记作

$$\lim_{x \to \infty} f(x) = A \quad （或当 x \to \infty 时, f(x) \to A）.$$

由定义可知，当 $x \to \infty$ 时，$\dfrac{1}{x}$ 的极限是 0，即 $\lim\limits_{x \to \infty} \dfrac{1}{x} = 0$.

同样，当 $x \to +\infty$（或 $x \to -\infty$）时，若对应的函数值 $f(x)$ 无限接近某个确定的常数 A，则称 A 为函数 $f(x)$ 当 $x \to +\infty$（或 $x \to -\infty$）时的**极限**，记作

$$\lim_{x \to +\infty} f(x) = A \quad 或 \lim_{x \to -\infty} f(x) = A.$$

以上 3 个极限之间有以下关系.

$\lim\limits_{x \to \infty} f(x) = A$ 的充分必要条件是 $\lim\limits_{x \to +\infty} f(x) = A$ 且 $\lim\limits_{x \to -\infty} f(x) = A$.

2. 当 $x \to x_0$ 时，函数 $f(x)$ 的极限

定义 6 - 3 - 3　设函数 $f(x)$ 在 x_0 的邻域内有定义（在 x_0 处可以没有定义），当 $x \to x_0$ 时，若函数 $f(x)$ 无限接近某个确定的常数 A，则称 A 为函数 $f(x)$ 当 $x \to x_0$ 时的**极限**，记作

$$\lim\limits_{x \to x_0} f(x) = A (或当 x \to x_0 时, f(x) \to A).$$

当 x 从 x_0 的左边或右边趋于 x_0（通常记作 $x \to x_0^-$ 或 $x \to x_0^+$）时，对应的函数值 $f(x)$ 无限接近某个确定的常数 A，则称 A 为函数 $f(x)$ 当 $x \to x_0$ 时的**左极限（或右极限）**，记作

$$\lim\limits_{x \to x_0^-} f(x) = A 或 \lim\limits_{x \to x_0^+} f(x) = A.$$

类似的，有以下结论.

$\lim\limits_{x \to x_0} f(x) = A$ 的充分必要条件是 $\lim\limits_{x \to x_0^+} f(x) = A$ 且 $\lim\limits_{x \to x_0^-} f(x) = A$.

能力训练 6 - 3 - 2　求函数 $f(x) = \begin{cases} 2x + 3, & x \leq 0, \\ -\dfrac{1}{2}x^2 + 3, & 0 < x \leq 2 \\ 3, & x > 2 \end{cases}$ 当 $x \to 0$ 和 $x \to 2$ 时的极限.

解　$\lim\limits_{x \to 0^-} f(x) = \lim\limits_{x \to 0^-}(2x + 3) = 3$, $\lim\limits_{x \to 0^+} f(x) = \lim\limits_{x \to 0^+}\left(-\dfrac{1}{2}x^2 + 3\right) = 3$.

因为 $\lim\limits_{x \to 0^-} f(x) = \lim\limits_{x \to 0^+} f(x) = 3$，所以 $\lim\limits_{x \to 0} f(x) = 3$.

同样，$\lim\limits_{x \to 2^-} f(x) = \lim\limits_{x \to 2^-}\left(-\dfrac{1}{2}x^2 + 3\right) = 1$, $\lim\limits_{x \to 2^+} f(x) = \lim\limits_{x \to 2^+} 3 = 3$.

能力训练 6 - 3 - 3　在一个电路中的电荷量 Q 由下式定义：

$$Q = \begin{cases} E, & t \leq 0 \\ E e^{-\frac{t}{RC}}, & t > 0 \end{cases}.$$

其中，C，R 为正的常数，求电荷 Q 在 $t \to 0$ 时的极限.

解　$\lim\limits_{t \to 0^-} Q = \lim\limits_{t \to 0^-} E = E$, $\lim\limits_{t \to 0^+} Q = \lim\limits_{t \to 0^+} E e^{-\frac{t}{RC}} = E$, 所以 $\lim\limits_{t \to 0} Q = E$.

知识点 3：无穷小量与无穷大量

定义 6-3-4 在自变量 x 的某一变化过程中（如 $x \to \infty$ 或 $x \to x_0$），若函数 $f(x)$ 的极限为零，则称函数 $f(x)$ 为自变量 x 在该变化过程中的**无穷小量**，简称**无穷小**，并记作

$$\lim_{x \to \infty} f(x) = 0 \text{ 或 } \lim_{x \to x_0} f(x) = 0.$$

注意：

（1）无穷小量是一个变量，称一个量是无穷小量时，应指明自变量的变化过程；

（2）不能把绝对值很小的常量看成无穷小量；

（3）常数中只有零是无穷小量.

1. 无穷小的性质

性质 6-3-1 有限个无穷小的代数和仍是无穷小.

性质 6-3-2 有限个无穷小的乘积仍是无穷小.

性质 6-3-3 有界函数与无穷小的乘积仍是无穷小.

性质 6-3-4 常数与无穷小的乘积仍是无穷小.

能力训练 6-3-4   求 $\lim\limits_{x \to \infty} \dfrac{\sin x}{x}$.

解   因为 $\lim\limits_{x \to \infty} \dfrac{1}{x} = 0$，即 $\dfrac{1}{x}$ 是当 $x \to \infty$ 时的无穷小；又因为 $|\sin x| \leq 1$，即 $\sin x$ 是有界函数，由性质 6-3-3 得

$$\lim_{x \to \infty} \frac{\sin x}{x} = 0.$$

定义 6-3-5 在自变量 x 的某一变化过程中（如 $x \to \infty$ 或 $x \to x_0$），若函数 $f(x)$ 的绝对值 $|f(x)|$ 无限增大，则称函数 $f(x)$ 为自变量 x 在该变化过程中的**无穷大量**，简称**无穷大**，并记作

$$\lim_{x \to \infty} f(x) = \infty \text{ 或 } \lim_{x \to x_0} f(x) = \infty.$$

注意：

（1）无穷大量也是一个变量，称一个量是无穷大量时，应指明自变量的变化过程；

（2）无穷大量是借用极限符号来表示"极限不存在"的情形，它不是一个数；

（3）常数都不是无穷大量.

2. 无穷大与无穷小的关系

当 $x \to 0$ 时，x^3 是无穷小，$\dfrac{1}{x^3}$ 是无穷大，这说明无穷小与无穷大存在倒数关系.

定理 6 – 3 – 1（无穷大与无穷小的关系） 在自变量的同一变化过程中，无穷大的倒数是无穷小，反之，无穷小（不能为 0）的倒数为无穷大.

知识点 4：极限的运算法则

利用极限的定义只能计算一些很简单的函数的极限. 下面介绍极限的四则运算法则，利用这些法则，可以比较简便地求出一些函数的极限.

定理 6 – 3 – 2 设 x 在同一变化过程中 $\lim f(x) = A$，$\lim g(x) = B$，则有：

（1）$\lim[f(x) \pm g(x)] \lim f(x) \pm \lim g(x) = A \pm B$；

（2）$\lim[f(x) \cdot g(x)] \lim f(x) \cdot \lim g(x) = AB$；

（3）$\lim \dfrac{f(x)}{g(x)} = \dfrac{\lim f(x)}{\lim g(x)} = \dfrac{A}{B} \quad (B \neq 0)$.

注：上面的极限中省略了自变量的变化趋势，下同.

由上面的法则（2）可得下面两个推论.

推论 6 – 3 – 1 $\lim[Cf(x)] = C \lim f(x) = CA$（$C$ 为常数）.

推论 6 – 3 – 2 $\lim[f(x)]^m = [\lim f(x)]^m = A^m$（$m$ 为正整数）.

注：为方便计算，给出下面两个常用公式.

$\lim\limits_{x \to x_0} x = x_0$；

$\lim\limits_{x \to x_0} C = C$.

能力训练 6 – 3 – 5 求下列函数的极限.

（1）$\lim\limits_{x \to 2}(x^2 - 5x + 3)$； （2）$\lim\limits_{x \to \frac{\pi}{2}} x^2 \sin x$；

（3）$\lim\limits_{x \to 3} \dfrac{x - 2}{2x + 1}$； （4）$\lim\limits_{x \to 2} \dfrac{x - 2}{x^2 - x - 2}$.

解 （1）$\lim\limits_{x \to 2}(x^2 - 5x + 3) = 2^2 - 5 \times 2 + 3 = -3$.

（2）$\lim\limits_{x \to \frac{\pi}{2}} x^2 \sin x = \lim\limits_{x \to \frac{\pi}{2}} x^2 \lim\limits_{x \to \frac{\pi}{2}} \sin x = \left(\dfrac{\pi}{2}\right)^2 \cdot \sin \dfrac{\pi}{2} = \dfrac{\pi^2}{4}$.

（3）$\lim\limits_{x \to 3} \dfrac{x - 2}{2x + 1} = \dfrac{3 - 2}{2 \times 3 + 1} = \dfrac{1}{7}$.

(4) $\lim\limits_{x\to 2}\dfrac{x-2}{x^2-x-2}=\lim\limits_{x\to 2}\dfrac{x-2}{(x-2)(x+1)}=\lim\limits_{x\to 2}\dfrac{1}{x+1}=\dfrac{1}{2+1}=\dfrac{1}{3}.$

能力训练 6－3－6 求下列极限.

(1) $\lim\limits_{x\to 2}\dfrac{3x^2+5x-2}{5x^2-x+3}$; (2) $\lim\limits_{x\to 2}\dfrac{6x^3+2x^2-5}{5x^3-3x+1}$.

解 （1）当 $x\to\infty$ 时，分母与分子都是无限增大，极限不存在，不能直接应用法则（3）. 可先将分母与分子同除以 x 的最高次幂 x^2，再应用法则（3）求其极限.

$$\lim\limits_{x\to\infty}\dfrac{3x^2+5x-2}{5x^2-x+3}=\lim\limits_{x\to\infty}\dfrac{3+\dfrac{5}{x}-\dfrac{2}{x^2}}{5-\dfrac{1}{x}+\dfrac{3}{x^2}}=\dfrac{3+0-0}{5-0+0}=\dfrac{3}{5}.$$

（2）用与（1）同样的方法，得

$$\lim\limits_{x\to\infty}\dfrac{6x^3+2x^2-5}{5x^3-3x+1}=\lim\limits_{x\to\infty}\dfrac{6+\dfrac{2}{x}-\dfrac{5}{x^3}}{5-\dfrac{3}{x^2}+\dfrac{1}{x^3}}=\dfrac{6+0-0}{5-0+0}=\dfrac{6}{5}.$$

知识点 5：两个重要极限

1. 极限 $\lim\limits_{x\to 0}\dfrac{\sin x}{x}=1$

特征：（1）该极限是"$\dfrac{0}{0}$"型极限.

（2）该极限含有三角函数.

（3）该极限的一般形式可以形象地写成 $\lim\limits_{\square\to 0}\dfrac{\sin\square}{\square}=1$（方框 $\square$ 代表同一变量）.

2. 极限 $\lim\limits_{x\to\infty}\left(1+\dfrac{1}{x}\right)^x=\mathrm{e}$ 或 $\lim\limits_{x\to 0}(1+x)^{\frac{1}{x}}=\mathrm{e}$

特征：（1）该极限是"1^{∞}"型幂指数函数的极限.

（2）该极限可形象地表示为 $\lim\limits_{\square\to\infty}\left(1+\dfrac{1}{\square}\right)^{\square}=\mathrm{e}$（方框 $\square$ 代表同一变量）.

（3）令 $\dfrac{1}{x}=u$，则 $x=\dfrac{1}{u}$，且当 $x\to\infty$ 时，$u\to 0$，于是得到该极限的另一形式：

$\lim\limits_{u\to 0}(1+u)^{\frac{1}{u}}=\mathrm{e}.$

特别地，对于"1^{∞}"型极限，还可以按以下方法求解.

"1^{∞}"型极限$\underset{\text{做恒等变形}}{=\!=\!=\!=\!=}\lim(1+\alpha)^{\beta}=\mathrm{e}^{\lim\alpha\cdot\beta}$（其中，$\alpha$，$\beta$ 分别表示在自变量的某

一变化过程中的无穷小量和无穷大量).

能力训练 6-3-7　求 $\lim\limits_{x\to 0}\dfrac{\sin 3x}{x}$.

解　$\lim\limits_{x\to 0}\dfrac{\sin 3x}{x}=\lim\limits_{x\to 0}\dfrac{3\sin 3x}{3x}=3\lim\limits_{3x\to 0}\dfrac{\sin 3x}{3x}$.

令 $3x=t$，则

$$\lim_{x\to 0}\frac{\sin 3x}{x}=\lim_{x\to 0}\frac{3\sin 3x}{3x}=3\lim_{3x\to 0}\frac{\sin 3x}{3x}=3\lim_{t\to 0}\frac{\sin t}{t}=3\times 1=3.$$

能力训练 6-3-8　求 $\lim\limits_{x\to 0}\dfrac{\sin 3x}{\sin 5x}$.

解　$\lim\limits_{x\to 0}\dfrac{\sin 3x}{\sin 5x}=\lim\limits_{x\to 0}\dfrac{\dfrac{\sin 3x}{3x}\cdot 3x}{\dfrac{\sin 5x}{5x}\cdot 5x}=\dfrac{3}{5}\lim\limits_{x\to 0}\dfrac{\dfrac{\sin 3x}{3x}}{\dfrac{\sin 5x}{5x}}=\dfrac{3}{5}\times\dfrac{1}{1}=\dfrac{3}{5}$.

能力训练 6-3-9　求 $\lim\limits_{x\to\infty}\left(1+\dfrac{1}{5x}\right)^{x}$.

解　$\lim\limits_{x\to\infty}\left(1+\dfrac{1}{5x}\right)^{x}=\lim\limits_{5x\to\infty}\left[\left(1+\dfrac{1}{5x}\right)^{5x}\right]^{\frac{1}{5}}=\left[\lim\limits_{5x\to\infty}\left(1+\dfrac{1}{5x}\right)^{5x}\right]^{\frac{1}{5}}=\mathrm{e}^{\frac{1}{5}}$.

能力训练 6-3-10　求 $\lim\limits_{x\to 0}(1-3x)^{\frac{1}{x}}$.

解　$\lim\limits_{x\to 0}(1-3x)^{\frac{1}{x}}=\lim\limits_{x\to 0}\left[(1+(-3x))^{\frac{1}{-3x}}\right]^{-3}=\left\{\lim\limits_{-3x\to 0}\left[1+(-3x)\right]^{\frac{1}{-3x}}\right\}^{-3}=\mathrm{e}^{-3}$.

三、专业（或实际）应用案例

案例 6-3-1　[**并联电路电阻的计算**]　如图 6-10 所示，5 Ω 的电阻与可变电阻 R 并联，由欧姆定律可得电路总电阻为 $R_{r}=\dfrac{5R}{5+R}$，若含 R 的支路突然断开，求此时电路的总电阻.

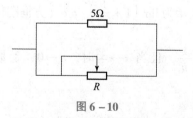

图 6-10

解　若含 R 的支路突然断开，此时 $R\to +\infty$，则电路的总电阻为

$$\lim_{R \to +\infty} R_r = \lim_{R \to +\infty} \frac{5R}{5+R} = \lim_{R \to +\infty} \frac{5}{\frac{5}{R}+1} = 5,$$

即电路的总电阻为 5 Ω.

小知识大哲理

本节中提到的"截杖问题"与极限具有密切的联系，一尺长的木棒，每天截取一半，则剩余木棒的长度可表示为如下数列：

$$\frac{1}{2}, \frac{1}{2^2}, \frac{1}{2^3}, \cdots, \frac{1}{2^n}, \cdots$$

可见，随着截取天数 n 的增加，剩余木棒的长度越来越短，当天数 n 无限增大时，数列 $\left\{\frac{1}{2^n}\right\}$ 无限接近 0.

n 的量变最终引起了数列 $\left\{\frac{1}{2^n}\right\}$ 的质变. 正如荀子所说："不积跬步，无以至千里，不积小流，无以成江海." 哪怕每天多做的那一份努力毫不起眼，只要坚持不懈，定能得到千分收获.

课后能力训练 6.3

1. 结合函数图像，求下列函数的极限.

（1）$\lim\limits_{x \to +\infty} \arctan x$；

（2）$\lim\limits_{x \to \infty} \dfrac{1}{x}$；

（3）$\lim\limits_{x \to +\infty} \left(\dfrac{1}{3}\right)^x$；

（4）$\lim\limits_{x \to +\infty} \ln x$.

2. 判断下列说法的正误.

（1）无穷小量是比任何数都小的数；

（2）零是无穷小量；

（3）无穷小量是零；

（4）无穷小量是越来越小的量；

(5) $\lim\limits_{n\to\infty}\left(\dfrac{1}{n^2}+\dfrac{2}{n^2}+\dfrac{3}{n^3}+\cdots+\dfrac{n}{n^2}\right)=0+0+0+\cdots+0=0.$

3. 选择题.

(1) 极限 $\lim\limits_{x\to1}(4x^3-2x^2+1)$ 的值是（　　）.

A. 1　　　　　　　　B. 0　　　　　　　　C. -1　　　　　　　　D. 3

(2) 下列命题正确的是（　　）.

A. 若 $f(x_0)=A$，则 $\lim\limits_{x\to x_0}f(x)=A$　　　　　B. 若 $\lim\limits_{x\to x_0}f(x)=A$，则 $f(x_0)=A$

C. 若 $\lim\limits_{x\to x_0}f(x)$ 存在，则极限唯一　　　　　D. 以上说法都不正确

(3) 极限 $\lim\limits_{x\to2}\dfrac{x^2-6x+8}{x-2}=$（　　）.

A. ∞　　　　　　　B. 0　　　　　　　　C. 1　　　　　　　　D. -2

(4) 极限 $\lim\limits_{x\to2}\dfrac{x^3-1}{x^2-5x+3}=\lim\limits_{x\to2}\dfrac{x^3-1}{x^2-5x+3}=$（　　）.

A. $-\dfrac{7}{3}$　　　　　B. $\dfrac{7}{3}$　　　　　C. $\dfrac{1}{3}$　　　　　D. $-\dfrac{1}{3}$

(5) 极限 $\lim\limits_{x\to\infty}\dfrac{6x^2-5}{4x^2-2x+3}=$（　　）.

A. ∞　　　　　　　B. $\dfrac{2}{3}$　　　　　C. $\dfrac{3}{2}$　　　　　D. 0

(6) 极限 $\lim\limits_{x\to0}\dfrac{\sin5x}{x}=$（　　）.

A. -1　　　　　　　B. 0　　　　　　　　C. 5　　　　　　　　D. 2

(7) 极限 $\lim\limits_{x\to0}x\sin\dfrac{1}{x}=$（　　）.

A. -1　　　　　　　B. 0　　　　　　　　C. 1　　　　　　　　D. 2

(8) 极限 $\lim\limits_{x\to\infty}\left(1-\dfrac{1}{x}\right)^{2x}=$（　　）.

A. e^2　　　　　　　B. e^{-2}　　　　　　C. e　　　　　　　　D. e^{-1}

4. 计算下列极限.

(1) $\lim\limits_{x\to3}(3x+2)$；　　　　　　　　　　(2) $\lim\limits_{x\to\pi}\cos x$；

(3) $\lim\limits_{x\to1}\dfrac{x^2+4}{2x+1}$；　　　　　　　　　　(4) $\lim\limits_{x\to-2}\dfrac{x^2-4}{x+2}$；

(5) $\lim\limits_{x\to 1}\dfrac{x^2-2x+1}{x^2-1}$;

(6) $\lim\limits_{x\to 1}\left(\dfrac{1}{x-1}-\dfrac{3}{x^3-1}\right)$;

(7) $\lim\limits_{x\to 3}\dfrac{x^2-5x+6}{x^2-2x-3}$;

(8) $\lim\limits_{x\to\infty}\dfrac{4x^2+2x-1}{5x^2-6x+2}$;

(9) $\lim\limits_{x\to 0}\dfrac{\sin 2x}{3x}$;

(10) $\lim\limits_{x\to\infty}\left(1-\dfrac{1}{2x}\right)^x$;

(11) $\lim\limits_{x\to\infty}\left(\dfrac{1+x}{x}\right)^{2x}$;

(12) $\lim\limits_{x\to 0}(1-x)^{\frac{1}{x}}$;

(13) $\lim\limits_{x\to 0}(1+\sin x)^{5\csc x}$;

(14) $\lim\limits_{x\to 0}x^2\cos\dfrac{1}{x}$;

(15) $\lim\limits_{x\to 1}\dfrac{\sin(x^2-1)}{x-1}$;

(16) $\lim\limits_{t\to\infty}\left(\dfrac{t+2}{t}\right)^t$.

5. 某职业学院为奖励勤奋好学的学生，建立了一项奖励基金，会在每年年终发放一次，发放总额为 10 万元. 假设银行的年复利率为 5%，如果奖金发放能一直继续下去（即奖金发放年数 $n\to\infty$），试问基金的最低金额 P 应为多少？

6. 已知某厂生产 x 个汽车轮胎的总成本为 $C(x)=300+\sqrt{1+x^2}$（元），平均成本为 $\dfrac{C(x)}{x}$，求 $\lim\limits_{x\to+\infty}\dfrac{C(x)}{x}$.

7. 已知在某一时刻 t（单位：min），容器中的细菌个数为 $y=10^4\times 2^{kt}$（k 为常数），求：

（1）若经过 30 min，细菌个数增加 1 倍，则 k 为多少？

（2）当 $t\to+\infty$ 时，容器中细菌的个数为多少？

综合能力训练 6

1. 选择题.

（1）函数 $y=2+\sin x$ 是（　　）.

A. 奇函数　　　　　　　　　　　B. 偶函数

C. 单调增函数　　　　　　　　　D. 有界函数.

（2）当 $x\to 0$ 时，下列哪个变量为无穷小量？（　　）

A. $\dfrac{\sin x}{x}$　　　　　B. $\dfrac{\cos x}{x}$　　　　　C. $x\sin\dfrac{1}{x}$　　　　　D. $1-\sin x$

（3）下列极限为 1 的是（　　）.

A. $\lim\limits_{x\to\infty}\dfrac{\sin x}{x}$

B. $\lim\limits_{x\to 0}x\sin\dfrac{1}{x}$

C. $\lim\limits_{x\to 0}\dfrac{\sin 2x}{x}$

D. $\lim\limits_{x\to\infty}x\sin\dfrac{1}{x}$

（4）极限$\lim\limits_{x\to 0}\dfrac{x}{|x|}$ =（　　）.

A. 1　　　　　　　　B. −1　　　　　　　　C. 0　　　　　　　D. 不存在

（5）函数在某点有定义是函数在该点有极限的（　　）.

A. 充分条件　　　　B. 必要条件　　　　C. 充要条件　　　D. 无关条件

2. 判断题.

（1）函数 $y=\dfrac{x^2-1}{x-1}$ 与 $y=x+1$ 是两个相同的函数.　　　　　　　　　（　　）

（2）简单函数 $y=\ln u$，$u=-2+\cos^2 x$ 可以构成复合函数.　　　　　　（　　）

（3）复合函数 $y=\cos(5x-x^2)$ 可分解为 $y=\cos u$，$u=5x-x^2$.　　　（　　）

（4）$\arcsin\dfrac{\pi}{6}=\dfrac{1}{2}$.　　　　　　　　　　　　　　　　　　　　　（　　）

（5）$\arccos\dfrac{1}{2}=\dfrac{\pi}{3}$.　　　　　　　　　　　　　　　　　　　　（　　）

3. 填空题.

（1）函数 $y=x^2-2x+1$ 的单调减区间是_____.

（2）已知函数 $y=2x^2-x$，则 $f(-3)$_____.

（3）设函数 $y=\begin{cases}x^2, & x\geqslant 0\\ x^2-1, & x<0\end{cases}$，则 $f(-2\sqrt{2})=$_____.

（4）函数 $y=\dfrac{\sqrt{x-1}}{\lg(3-x)}$ 的定义域是_____.

（5）$\arccos\left[\cos\left(-\dfrac{\pi}{3}\right)\right]=$_____.

（6）函数 $y=\lg\sqrt{\cos(x-x^2)}$ 的复合过程为_____.

（7）极限$\lim\limits_{n\to 0}(1+3n)^{\frac{1}{n}}=$_____.

（8）当 $x\to$_____时，函数 $y=\dfrac{1}{x-3}$ 是无穷大量.

（9）若函数 $f(x)$ 是当 $x \to x_0$ 时的无穷大量，则函数 $\lim\limits_{x \to x_0} \dfrac{1}{f(x)} = $ _____.

（10）$\lim\limits_{x \to 0} \dfrac{\sin 2x}{\sin 3x} = $ _____.

4. 指出下列函数的复合过程.

（1）$y = \sqrt{4 - x^2}$；

（2）$y = e^{3x - 5}$；

（3）$y = \sin(2x + 3)$；

（4）$y = \sqrt{\arccos(1 - x^2)}$；

（5）$y = \lg \sqrt{x + 2}$；

（6）$y = \sin^2(5x - 3)$.

5. 求下列极限.

（1）$\lim\limits_{x \to 2} \dfrac{x^2 + 5}{x - 3}$；

（2）$\lim\limits_{x \to 1} \dfrac{x^2 - 2x + 1}{x^2 - x}$；

（3）$\lim\limits_{x \to 0} \dfrac{\sqrt{1 + x} - \sqrt{1 - x}}{x}$；

（4）$\lim\limits_{x \to \infty} \dfrac{\cos x}{x}$；

（5）$\lim\limits_{x \to \infty} \dfrac{4x^3 - x^2 + 1}{3x^3 + 2x}$；

（6）$\lim\limits_{n \to \infty} \left(1 + \dfrac{1}{2} + \dfrac{1}{4} + \cdots + \dfrac{1}{2^n} \right)$.

6. ［电路中的电压］在 $R - C$ 电路的充电过程中，电容器两端的电压 $U(t)$ 为

$$U(t) = E\left(1 - e^{-\frac{t}{RC}}\right) \quad (E, R, C \text{ 均为常数}).$$

求电压最终的稳定值.

7. 旅客乘火车时随身携带的物品，如果不超过 20 kg 免费，超过 20 kg 的部分，每千克收费 2 元，超过 50 kg 的部分，每千克再加收 40%，试列出收费与物品质量的函数关系.

8. 某人想用 8 m 的钢材做一个上半部是半圆形、下半部是矩形的窗子，要使窗子的透光性最好，窗子半圆形部分的半径应为多少？

9. 在图 6 – 11 所示的电路中，电阻 $R_1 = 8\ \Omega$，$R_2 = 10\ \Omega$，电源电压及定值电阻 R 的阻值未知，当开关 S 接到位置 1 时，电流表指示为 0.2 A，那么当开关 S 接到位置 2 时，电流表指示读数的可能值范围是多少？

10. 在有 45 000 人口的某社区内发生了新冠疫情，其传播规律为 $y = \dfrac{45\,000}{1 + ae^{-45\,000kt}}$，其中 y 是感染新冠病毒的人数（单位：人），t 是时间（单位：星期），a，k 为常数. 照此规律，推算 10 个星期后将有多少人感染新冠病毒. 如果新冠病毒无限制地发展下去，最终将有多少人感染新冠病毒？

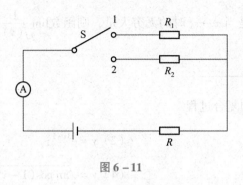

图 6－11

数学文化阅读与欣赏

——谁发现了"极限"

庞加莱说过："能够在数学领域有所发现的人，是具有感受数学中的秩序、和谐、对称、整齐和神秘美等能力的人，而且只限于这种人."一切数学概念都来源于社会实践和现实生活，它们被数学家们捕捉到并提炼，然后经过使用、推敲、充实、拓展、不断完善，从而形成经典的理论. 极限也是如此.

一、中国古代极限思想

我国春秋战国时期的哲学家庄子在《庄子·天下篇》中提到"一尺之棰，日取其半，万世不竭"，也称"截杖问题". 该"截杖问题"已有"无限分割"的思想：一尺之棰，每次截取它的一半，按照这种截法一直截取下去，随着截取的次数增加，棰会越来越短，长度会越来越接近零，但又永远不会等于零. 墨子（墨家学派创始人）与庄子的观点不同，他提出一个"非半"的命题. 墨子说"非半弗斫，则不动，说在端"，意思是说将一条线段一半一半地无限分割下去，就必将出现一个不能再分割的"非半"，这个"非半"就是点. 墨家的思想是无限分割最后会达到一个"不可分"的情况.

庄子的命题论述了有限长度的"无限可分"性，墨子的命题指出了无限分割的变化和结果. 庄子和墨子的讨论，对数学理论的发展具有巨大的推动作用. 现在看来，庄子和墨子两人对宇宙的无限性与连续性的认识已相当深刻，但这些认识是零散的，更多地属于哲学范畴，但也算是极限思想的萌芽.

公元 3 世纪，魏晋时期的数学家刘徽在注释《九章算术》时创立了有名的"割圆术"．他创造性地将极限思想应用到数学领域，在人类历史上首次将极限和无穷小分割引入数学证明，成为人类文明史中不朽的篇章．刘徽按此法算到了正 3 072 边形的面积，由此求出的圆周率为 3.141 6，这是世界上最早，也是最准确的关于圆周率的数据．后来，祖冲之用这个方法把圆周率的数值计算到小数点后第 7 位．这种思想就是后来建立极限概念的基础．

二、极限概念的发展

16 世纪初，西方社会处于资本主义起步时期，是思想和科学技术的迅速发展时期，同时科学、生产、技术中也出现了许多问题困扰着数学家，如怎么求瞬时速度、曲线弧长、曲边形面积、曲面体体积等．因此，只研究常量的初等数学早已不能满足现实的需求．

进入 17 世纪，特别是牛顿在建立微积分的过程中，由于极限没有准确的概念，也就无法确定无穷小的身份．利用无穷小运算时，牛顿做出了自相矛盾的推导：在用无穷小量作分母进行除法运算时，无穷小量不能为零，而在一些运算中又把无穷小量看作零，约掉那些包含它的项，从而得到所要的公式，显然这种数学推导在逻辑上是站不住脚的．那么，无穷小量究竟是零还是非零？这个问题一直困扰着牛顿，也困扰着与牛顿同时代的众多数学家．

真正意义上的极限概念产生于 17 世纪，英国数学家约翰瓦里斯提出了变量极限的概念．他认为，变量的极限是变量无限逼近的一个常数，它们的差是一个给定的任意小的量．他的这种描述，把两个无限变化的过程表述出来，揭示了极限的核心内容．

19 世纪，法国数学家柯西在《分析教程》中比较完整地说明了极限的概念及理论．柯西认为：当一个变量逐次所取的值无限趋于一个定值时，最终使变量的值和该定值之差要多小就多小，这个定值就称为所有其他值的极限．柯西还指出零是无穷小的极限．这个思想已经摆脱了常量数学的束缚，走向变量数学，表现了无限与有限的辩证关系．柯西的定义已经用数学语言准确表达了极限的思想，但这种表达仍然是定性的．

被誉为"现代分析之父"的德国数学家魏尔斯特拉斯提出了极限的定量定义——

"如果对任意 $\varepsilon > 0$，总存在自然数 N，使得当 $n > N$ 时，不等式 $|x_n - A| < \varepsilon$ 恒成立，则称 A 为 x_n 的极限"，这为微积分提供了严格的理论基础. 这个定义定量而具体地刻画了两个"无限过程"之间的联系，消除了以前极限概念中的直观痕迹，将极限思想转化为数学的语言，完成了从思想到数学的转变. 在数学分析和现代高等数学书籍中，这种描述一直沿用至今.

第7章　导数及其应用

【名人名言】

如果说我看得远，那是因为我站在巨人的肩上.

——牛顿

【本章导学】

本章在函数和极限的基础上介绍微分学的两个基本概念：导数与微分. 在解决实际问题时，除了需要了解变量之间的函数关系外，还经常需要考查函数的因变量随自变量变化的快慢程度，如求劳动生产率、国民经济发展速度等. 由此人们借助极限，引入了导数的概念.

导数是数学中革命性的创新. 目前，几乎所有学科都在应用导数的概念. 在经济活动中，每增加一个单位产品所增加的成本和利润，就是相应成本函数和利润函数的导数，又称为边际成本和边际利润函数.

在实际中，另一类问题与导数密切相关，即微分问题. 函数的微分与导数是两个紧密联系的概念.

在现实中，许多实际问题的解决都需要用到导数的知识. 本章首先利用导数研究函数的特性，如函数的单调性与极值等，通过应用这些特性，解决现实中的许多问题.

【学习目标】

能力目标：会求函数的导数和微分；会将导数与微分的思想与专业问题结合，解决一些专业问题.

知识目标：理解函数导数和微分的概念；掌握求导数和微分的方法；掌握利用导数和微分解决实际问题的思想方法和步骤.

素质目标：培养分工合作、独立完成任务的能力；养成系统分析问题、解决问题的能力.

7.1 导数的概念

一、学习目标

能力目标：能够将电学等实际应用问题中的变化率问题，转化为数学中的求导问题.

知识目标：理解导数的定义，掌握导数的实际意义.

二、知识链接

知识点 1：导数的定义

1. 问题背景

引例 7 – 1 – 1 [变速直线运动的瞬时速度] 设物体做变速直线运动，路程与时间的函数关系为 $s = s(t)$，求物体在 t_0 时刻的瞬时速度 $v(t_0)$.

解 速度表示路程相对于时间变化的快慢程度. 由中学数学可知，若物体做匀速直线运动，则物体在任一时刻的运动速度为常量，且有

$$v = \frac{经过的路程}{所花的时间}.$$

当物体做变速直线运动时，就不能按上式计算物体在某一时刻的运动速度了.

先考虑从时刻 t_0 到 $t_0 + \Delta t$ 这段时间内，物体的运动速度问题. 在时间 $[t_0, t_0 + \Delta t]$ 内物体走过的路程为 $\Delta s = s(t_0 + \Delta t) - s(t_0)$，比值 $\bar{v} = \frac{\Delta s}{\Delta t} = \frac{s(t_0 + \Delta t) - s(t_0)}{\Delta t}$，称为物体在 $[t_0, t_0 + \Delta t]$ 内的平均速度.

显然，Δt 越小，$\bar{v}$ 就越趋近 $v(t_0)$. 当 $\Delta t \to 0$ 时，若平均速度 $\bar{v}$ 的极限存在，则此极限值就是物体在 t_0 时刻的瞬时速度 $v(t_0)$，即

$$v(t_0) = \lim_{\Delta t \to 0} \bar{v} = \lim_{\Delta t \to 0} \frac{\Delta s}{\Delta t} = \lim_{\Delta t \to 0} \frac{s(t_0 + \Delta t) - s(t_0)}{\Delta t}.$$

引例 7 – 1 – 2 [交流电的电流强度] 电流强度是指电流的大小，即单位时间内通过导线横截面的电量，在交流电路中，电流随着时间的变化而变化，设在时间 t 内，通过导线横截面的电量为 $Q(t)$，求导线内 t_0 时刻的瞬时电流 $i(t_0)$.

解 与求变速直线运动的方法类似，先考虑在 $[t_0, t_0 + \Delta t]$ 这段时间内通过导线横截面的电量为 $\Delta Q = Q(t_0 + \Delta t) - Q(t_0)$，导线内的平均电流强度为

$$\bar{i} = \frac{\Delta Q}{\Delta t} = \frac{Q(t_0 + \Delta t) - Q(t_0)}{\Delta t}.$$

显然，Δt 越小，$\bar{i}$ 就越趋近 $i(t_0)$。当 $\Delta t \to 0$ 时，若平均电流强度 $\bar{i}$ 的极限存在，则此极限值就是导线内 t_0 时刻的瞬时电流 $i(t_0)$，即

$$i(t_0) = \lim_{\Delta t \to 0} \bar{i} = \lim_{\Delta t \to 0} \frac{\Delta Q}{\Delta t} = \lim_{\Delta t \to 0} \frac{Q(t_0 + \Delta t) - Q(t_0)}{\Delta t}.$$

虽然上述两个问题的实际意义不同，但得到的结论却完全相同，都是"函数增量与自变量增量的比值当自变量增量趋于零时的极限"，即

$$\lim_{\Delta x \to 0} \frac{\Delta y}{\Delta x} = \lim_{\Delta x \to 0} \frac{f(x_0 + \Delta x) - f(x_0)}{\Delta x}.$$

为此，引入导数这一数学概念刻画这一极限过程。

2. 导数的定义与计算

1）导数

设函数 $y = f(x)$ 在点 x_0 的某邻域内有定义，当自变量 x 在点 x_0 处有增量 $\Delta x(x_0 + \Delta x$ 仍在该邻域内）时，函数有相应的增量 $\Delta y = f(x_0 + \Delta x) - f(x)$，如果 Δy 与 Δx 之比在 $\Delta x \to 0$ 时的极限存在，则称函数 $y = f(x)$ 在点 x_0 处可导，并称这个极限值为 $y = f(x)$ 在点 x_0 处的**导数（或变化率）**，记作 $f'(x_0)$，即

$$f'(x_0) = \lim_{\Delta x \to 0} \frac{\Delta y}{\Delta x} = \lim_{\Delta x \to 0} \frac{f(x_0 + \Delta x) - f(x_0)}{\Delta x}, \qquad (7-1-1)$$

也可记为 $y'\big|_{x=x_0}$，$\dfrac{\mathrm{d}y}{\mathrm{d}x}\Big|_{x=x_0}$，$\dfrac{\mathrm{d}f(x)}{\mathrm{d}x}\Big|_{x=x_0}$。

函数 $f(x)$ 在点 x_0 处可导有时也说成 $f(x)$ 在点 x_0 处具有导数或导数存在。如果式 $(7-1-1)$ 的极限不存在，就说函数 $f(x)$ 在点 x_0 处不可导，如果不可导的原因是由于 $\Delta x \to 0$ 时，$\dfrac{\Delta y}{\Delta x} \to \infty$，为了方便起见，也称函数 $f(x)$ 在点 x_0 处的导数为无穷大，记作 $f'(x_0) = \infty$。

2）导函数

如果函数 $y = f(x)$ 在 (a, b) 内每一点都可导，则称 $y = f(x)$ 在 (a, b) 内可导，

这时，对于 (a, b) 内的任意一点 x，都有导数值 $f'(x)$ 与它对应，因此 $f'(x)$ 是 x 的函数，称 $f'(x)$ 为 $y = f(x)$ 的**导函数**，记作 $f'(x)$，即

$$f'(x) = \lim_{\Delta x \to 0} \frac{f(x + \Delta x) - f(x)}{\Delta x},$$

也可记为 y'，$\dfrac{\mathrm{d}y}{\mathrm{d}x}$ 或 $\dfrac{\mathrm{d}f(x)}{\mathrm{d}x}$.

显然，函数 $y = f(x)$ 在点 x_0 处的导数，就是导函数 $f'(x)$ 在点 $x = x_0$ 处的函数值，即

$$f'(x_0) = f'(x) \big|_{x = x_0}.$$

今后，常把导函数 $f'(x)$ 简称为导数. 在求**导数**时，若没有指明是求在某一定点处的导数，都是指求**导函数**.

知识点 2：简单函数导数的求法

根据导数的定义求 $y = f(x)$ 的导数，一般可分为下面 3 个步骤.

（1）求函数的增量 $\Delta y = f(x + \Delta x) - f(x)$；

（2）求两增量的比值 $\dfrac{\Delta y}{\Delta x} = \dfrac{f(x + \Delta x) - f(x)}{\Delta x}$；

（3）求极限 $\lim\limits_{\Delta x \to 0} \dfrac{\Delta y}{\Delta x} = \lim\limits_{\Delta x \to 0} \dfrac{f(x + \Delta x) - f(x)}{\Delta x}$.

能力训练 7 - 1 - 1　求函数 $f(x) = C$（C 为常数）的导数.

解　（1）$\Delta y = f(x + \Delta x) - f(x) = C - C = 0$；

（2）$\dfrac{\Delta y}{\Delta x} = 0$；

（3）$y' = \lim\limits_{\Delta x \to 0} \dfrac{\Delta y}{\Delta x} = 0$，即 $(C)' = 0$.

这就是说，常数的导数等于零.

能力训练 7 - 1 - 2　求函数 $f(x) = x^3$ 的导数.

解　（1）$\Delta y = f(x + \Delta x) - f(x) = (x + \Delta x)^3 - (x)^3 = \Delta x \big[(x + \Delta x)^2 + (x + \Delta x) x + x^2 \big]$；

（2）$\dfrac{\Delta y}{\Delta x} = \dfrac{\Delta x \big[(x + \Delta x)^2 + (x + \Delta x) x + x^2 \big]}{\Delta x} = (x + \Delta x)^2 + (x + \Delta x) x + x^2$；

（3）$f'(x) = \lim\limits_{\Delta x \to 0} \dfrac{\Delta y}{\Delta x} = \lim\limits_{\Delta x \to 0} \big[(x + \Delta x)^2 + (x + \Delta x) x + x^2 \big] = 3x^2$，即 $(x^3)' = 3x^2$.

一般的，对于幂函数 $y = x^\alpha (\alpha \in \mathrm{R})$，有下面的求导公式：

$$(x^\alpha)' = \alpha x^{\alpha-1}.$$

能力训练 7 - 1 - 3　求 $y = \log_a x$ 的导数.

解　（1）$\Delta y = f(x + \Delta x) - f(x) = \log_a(x + \Delta x) - \log_a x = \log_a \dfrac{x + \Delta x}{x} = \log_a\left(1 + \dfrac{\Delta x}{x}\right)$；

（2）$\dfrac{\Delta y}{\Delta x} = \dfrac{\log_a\left(1 + \dfrac{\Delta x}{x}\right)}{\Delta x} = \dfrac{1}{\Delta x}\log_a\left(1 + \dfrac{\Delta x}{x}\right) = \log_a\left(1 + \dfrac{\Delta x}{x}\right)^{\frac{1}{\Delta x}}$；

（3）$f'(x) = \lim\limits_{\Delta x \to 0} \dfrac{\Delta y}{\Delta x} = \lim\limits_{\Delta x \to 0} \log_a\left[\left(1 + \dfrac{\Delta x}{x}\right)^{\frac{1}{\Delta x}}\right] = \dfrac{1}{x}\log_a \mathrm{e} = \dfrac{1}{x\ln a}$，即 $(\log_a x)' = \dfrac{1}{x\ln a}$.

特别的，有

$$(\ln x)' = \frac{1}{x}.$$

能力训练 7 - 1 - 4　已知函数 $y = \sin x$，求 $f'(x)$.

解　（1）$\Delta y = \sin(x + \Delta x) - \sin x = 2\cos\left(x + \dfrac{\Delta x}{2}\right)\sin\dfrac{\Delta x}{2}$；

（2）$\dfrac{\Delta y}{\Delta x} = \dfrac{2\cos\left(x + \dfrac{\Delta x}{2}\right)\sin\dfrac{\Delta x}{2}}{\Delta x} = \cos\left(x + \dfrac{\Delta x}{2}\right)\dfrac{\sin\dfrac{\Delta x}{2}}{\dfrac{\Delta x}{2}}$；

（3）$y' = \lim\limits_{\Delta x \to 0} \dfrac{\Delta y}{\Delta x} = \lim\limits_{\Delta x \to 0} \cos\left(x + \dfrac{\Delta x}{2}\right)\dfrac{\sin\dfrac{\Delta x}{2}}{\dfrac{\Delta x}{2}}$

$\qquad = \lim\limits_{\Delta x \to 0} \cos\left(x + \dfrac{\Delta x}{2}\right) \cdot \lim\limits_{\Delta x \to 0} \dfrac{\sin\dfrac{\Delta x}{2}}{\dfrac{\Delta x}{2}} = \cos x$，即

$$(\sin x)' = \cos x.$$

同理可得

$$(\cos x)' = -\sin x.$$

能力训练 7 - 1 - 5　已知函数 $y = x^4$，求 $f'(2)$.

解　因为 $y' = (x^4)' = 4x^3$，所以

$$f'(2) = 4 \times 2^3 = 32.$$

知识点 3：导数的意义

1. 导数的几何意义

曲线的切线：设曲线 C 的方程为 $y = f(x)$，求曲线 C 在点 M 处切线的斜率.

如图 7 - 1 所示，设 N 是曲线 C 上与点 M 邻近的一点，连接点 M 和 N 的直线 MN 称为曲线 C 的割线，如果当点 N 沿着曲线 C 趋近点 M 时，割线 MN 绕着点 M 转动而趋近极限位置 MT，则称直线 MT 为曲线 C 在点 M 处的切线. 这里极限位置的含义是：只要弦长 $|MN|$ 趋近零，$\angle NMT$ 也趋近零.

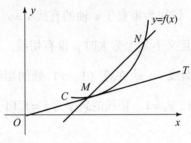

图 7 - 1

切线 MT 的斜率不易直接求得，先求割线 MN 的斜率. 如图 7 - 2 所示，设点 M，N 的坐标分别为 (x_0, y_0)，$(x_0 + \Delta x, y_0 + \Delta y)$，割线 MN 的倾角为 φ，切线 MT 的倾角为 α，则割线 MN 的斜率为

$$\tan \varphi = \frac{\Delta y}{\Delta x} = \frac{f(x_0 + \Delta x) - f(x_0)}{\Delta x}.$$

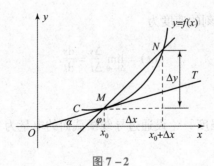

图 7 - 2

显然，Δx 越小，即点 N 沿曲线 C 越趋近点 M，割线 MN 的斜率越趋近切线 MT 的斜率. 当点 N 沿曲线 C 无限趋近点 M，即 $\Delta x \to 0$ 时，若割线 MN 的斜率的极限存在，则此极限值就是曲线 C 在点 M 处切线的斜率，即

$$\tan \alpha = \lim_{\Delta x \to 0} \tan \varphi = \lim_{\Delta x \to 0} \frac{\Delta y}{\Delta x} = \lim_{\Delta x \to 0} \frac{f(x_0 + \Delta x) - f(x_0)}{\Delta x}.$$

高职数学基础

由平面曲线的切线斜率问题的讨论和导数的定义知，函数 $y=f(x)$ 在点 x_0 处的导数 $f'(x_0)$ 在几何上表示曲线 $y=f(x)$ 在点 $M(x_0,y_0)$ 处切线的斜率. 由此得到曲线 $y=f(x)$ 在点 $M(x_0,y_0)$ 处的切线方程为

$$y-y_0=f'(x_0)(x-x_0),$$

法线方程为

$$y-y_0=-\frac{1}{f'(x_0)}(x-x_0)(f'(x_0)\neq 0).$$

注：当 $f'(x_0)=0$ 时，切线为平行于 x 轴的直线 $y=f(x_0)$，法线为垂直于 x 轴的直线 $x=x_0$；当 $f'(x_0)=\infty$ 时，切线为垂直于 x 轴的直线 $x=x_0$，法线为平行于 x 轴的直线 $y=f(x_0)$；当 $f'(x_0)$ 不存在且又不是无穷大时，没有切线.

能力训练 7-1-6 求曲线 $y=x^3$ 在点 （1，1） 处的切线方程和法线方程.

解 切点的坐标为 $x_0=1$，$y_0=1$，切线的斜率为 $k=f'(1)=(x^3)'\big|_{x=1}=3x^2\big|_{x=1}=3$，因此，所求的切线方程为

$$y-1=3(x-1)，即 y=3x-2,$$

法线方程为

$$y-1=-\frac{1}{3}(x-1)，即 y=-\frac{1}{3}x+\frac{4}{3}.$$

2. 导数的力学意义

[变速直线运动的瞬时速度] 某物体做变速直线运动，其路程与时间的函数关系为 $s=s(t)$，则其在任一时刻的速度为

$$v(t)=\lim_{\Delta t\to 0}\frac{\Delta s}{\Delta t}=\frac{\mathrm{d}s}{\mathrm{d}t}.$$

3. 导数的电学意义

[非恒定电流的电流强度] 设通过导线横截面的电量为 $Q=Q(t)$，则在任一时刻的电流强度为

$$i(t)=\lim_{\Delta t\to 0}\frac{\Delta Q}{\Delta t}=\frac{\mathrm{d}Q}{\mathrm{d}t}.$$

三、专业（或实际）应用案例

案例 7-1-1 设一物体做变速直线运动，其路程与时间的函数关系为 $s=t^3$，求

132

其在 $t = 2$ s 时的瞬时速度.

解 因为

$$v(t) = \frac{\mathrm{d}s}{\mathrm{d}t} = (t^3)' = 3t^2,$$

所以

$$v(2) = 3t^2 \big|_{t=2} = 12.$$

案例 7 - 1 - 2 在某一电路中，已知通过导线横截面的电量函数为 $Q(t) = \sin t$，求在 $t = \dfrac{\pi}{4}$ s 时的电流强度.

解 因为

$$i(t) = \frac{\mathrm{d}Q}{\mathrm{d}t} = (\sin t)' = \cos t,$$

所以

$$i\left(\frac{\pi}{4}\right) = \cos t \bigg|_{t=\frac{\pi}{4}} = \cos \frac{\pi}{4} = \frac{\sqrt{2}}{2}.$$

小知识大哲理

本节引例在瞬时速度的计算中，随着时间的变化量无限接近 0，平均速度在不断变化，直到成为瞬时速度，同样的，在非恒定电流（如交流电）的计算中，随着时间的变化量无限接近 0，平均电流强度也在不断变化，直到成为瞬时电流强度. 其中蕴含着量变发展到一定程度时，事物内部的主要运动形式发生了改变，进而引发质变的规律.

课后能力训练 7.1

1. 填空题.

（1）已知 $f'(3) = 2$，则 $\lim\limits_{h \to 0} \dfrac{f(3+h) - f(3)}{h} = $ _____.

（2）若 $f(x)$ 在点 x_0 处的极限存在，则 $\lim\limits_{\Delta x \to 0} \dfrac{f(x_0 + \Delta x) - f(x_0)}{\Delta x} = $ _____.

（3）已知某物体的运动方程为 $s = t^2 - 3$，则该物体在 $t = 1$ s 时的瞬时速度为 _____.

（4）曲线 $f(x) = x^2 + 1$ 在点（2，5）处的切线斜率为_____.

（5）已知通过导线横截面的电量函数为 $Q(t) = t^2$，则在 $t = 3$ s 时的电流强度为_____.

2. 选择题.

（1）已知函数 $y = 2x^2 - 1$ 图形上的一点（1，1）及其邻近点 $(1 + \Delta x, 1 + \Delta y)$，则 $\dfrac{\Delta y}{\Delta x} = $（　　）.

A. 4　　　　　　　B. $4x$　　　　　　　C. $4 + 2\Delta x$　　　　　　　D. $4 + 2\Delta x^2$

（2）函数 $y = f(x)$ 在点 x_0 处可导，则 $f'(x_0) = $（　　）.

A. $\lim\limits_{\Delta x \to 0} \dfrac{f(x_0 - \Delta x) - f(x_0)}{\Delta x}$ 　　　　　　 B. $\lim\limits_{h \to 0} \dfrac{f(x_0 + h) - f(x_0 - h)}{2h}$

C. $\lim\limits_{x \to 0} \dfrac{f(x_0) - f(x_0 + 2x)}{2x}$ 　　　　　　 D. $\lim\limits_{x \to 0} \dfrac{f(x) - f(0)}{x}$

（3）设 $f'(x_0) = 0$，则曲线 $y = f(x)$ 在点 $(x_0, f(x_0))$ 处的切线（　　）.

A. 不存在　　　　　　　　　　　　B. 与 x 轴平行或重合

C. 与 x 轴直　　　　　　　　　　D. 与 x 轴斜交

（4）函数 $f(x)$ 和 $g(x)$ 是定义在 R 上的两个可导函数，若 $f(x)$ 和 $g(x)$ 满足 $f'(x) = g'(x)$，则（　　）.

A. $f(x) = g(x)$ 　　　　　　　　　B. $f(x) - g(x)$ 为常数函数

C. $f(x) = g(x) = 0$ 　　　　　　　D. $f(x) + g(x)$ 为常数函数

（5）设函数 $y = f(x)$ 在点 x_0 处不连续，则下列结论正确的是（　　）.

A. $f'(x_0)$ 一定不存在　　　　　　　B. $f'(x_0)$ 一定存在

C. $\lim\limits_{x \to x_0} f(x)$ 一定不存在　　　　　D. $\lim\limits_{x \to x_0} f(x)$ 一定存在

3. 求抛物线 $y = x^2$ 在点 $P(3, 9)$ 处的切线方程.

4. 求曲线 $y = \sqrt{x}$ 在点 $P(1, 1)$ 处的斜率，并求其切线方程和法线方程.

5. 利用求导公式 $(x^\alpha)' = \alpha x^{\alpha - 1}$，求下列函数的导数.

（1）$y = x$；　　　（2）$y = x^4$；　　　（3）$y = \sqrt{x}$；　　　（4）$y = \dfrac{1}{\sqrt{x}}$；

（5）$y = \dfrac{1}{x^2}$；　　　（6）$y = \sqrt[3]{x^2}$.

6. 求下列函数在指定点处的导数.

（1）$y = x^6$，$x = 1$；　　　　（2）$y = \cos x$，$x = \dfrac{\pi}{4}$；　　　　（3）$y = \log_3 x$，$x = 3$.

7. 在电学中，功率 P 定义为功 W 关于时间 t 的变化率，假如 $W = 2t^2$，求当 $t = 2$ 时功率 P 的值.

小知识大哲理

当一个人无法将整块牛排吞下去的时候该怎么办？人们会用工具将牛排切成小块，这样便能顺利进食，问题也就解决了：许多目标虽然看起来遥不可及，但本着从零开始，点点滴滴去实现的决心，将问题分解成许多小问题，将大大提升战胜困难的信心和效率.

因此，尝试用吃牛排的方式来对待问题，会发现解决问题容易得多. 现实中的问题常常是错综复杂的，很难将问题一次性完美解决. 这时，就可以尝试将一个大问题分割成不同的小问题，各个击破，这样远比毫无头绪地寻找一个最佳方案实际和有效.

引申到现实中，这说明不要畏惧难做的事情，要学会将其分解为自己能够解决的小事情，并将一件一件小事情认真做好.

7.2　函数的求导法则

一、学习目标

能力目标：能够将电学等实际应用问题中的变化率问题，转化为数学中的求导问题，并利用函数的求导法则求出相关的量.

知识目标：掌握导数的四则运算法则和复合函数求导法则.

二、知识链接

知识点1：基本求导公式

导数的定义不仅阐明了导数的实质，而且给出了计算导数的方法，但是对于比较复杂的函数, 直接根据定义来求导是十分困难的, 甚至是不可能的. 为了简化求导过程, 本节引入一些基本的求导公式和求导法则.

根据导数的定义, 人们已经推导出了常数、幂函数、部分三角函数和对数函数的求导公式, 用类似的方法, 也可推导出其他基本初等函数的导数. 因此, 为了便于今后查阅和求函数的导数方便, 现把**基本初等函数的求导公式**归纳如下.

(1) $(C)' = 0(C$ 为常数$)$; (2) $(x^\alpha)' = \alpha x^{\alpha-1}$;

(3) $(a^x)' = a^x \ln a$; (4) $(e^x)' = e^x$;

(5) $(\log_a x)' = \dfrac{1}{x \ln a}$; (6) $(\ln x)' = \dfrac{1}{x}$;

(7) $(\sin x)' = \cos x$; (8) $(\cos x)' = -\sin x$;

(9) $(\tan x)' = \sec^2 x$; (10) $(\cot x)' = -\csc^2 x$;

(11) $(\sec x)' = \sec x \tan x$; (12) $(\csc x)' = -\csc x \cot x$;

(13) $(\arcsin x)' = \dfrac{1}{\sqrt{1-x^2}}$; (14) $(\arccos x)' = -\dfrac{1}{\sqrt{1-x^2}}$;

(15) $(\arctan x)' = \dfrac{1}{1+x^2}$; (16) $(\text{arccot}\, x)' = -\dfrac{1}{1+x^2}$.

能力训练 7 - 2 - 1 设 $y = \sqrt{x^3}$, 求 $f'(x)$.

解 $y' = \left(x^{\frac{3}{2}}\right)' = \dfrac{3}{2} x^{\frac{3}{2}-1} = \dfrac{3}{2} x^{\frac{1}{2}} = \dfrac{3}{2}\sqrt{x}$.

能力训练 7 - 2 - 2 设 $y = \sec x$, 求 y'.

解 $y' = (\sec x)' = \sec x \tan x$.

能力训练 7 - 2 - 3 设 $y = 3^x$, 求 y'.

解 $y' = (3^x)' = 3^x \ln 3$.

知识点 2: 导数的四则运算法则

设函数 $u = u(x)$ 和 $v = v(x)$ 在点 x 处可导, 则它们的和、差、积、商 (分母不为零) 在点 x 处也可导, 且满足以下法则.

(1) $(u \pm v)' = u' \pm v'$;

(2) $(uv)' = u'v + uv'$, 特别地$(Cu)' = Cu'(C$ 为常数$)$;

(3) $\left(\dfrac{u}{v}\right)' = \dfrac{u'v - uv'}{v^2}$ $(v(x) \neq 0)$, 特别地$\left(\dfrac{1}{v}\right)' = -\dfrac{v'}{v^2}$.

注意: 法则 (1)、(2) 均可以推广到有限多个函数的情形, 例如, 设 $u = u(x)$, $v = v(x)$, $w = w(x)$ 均可导, 则有 $(u \pm v \pm w)' = u' \pm v' \pm w'$, $(uvw)' = u'vw + uv'w + uvw'$.

能力训练 7 – 2 – 4　设 $y = x^3 - x + 2$, 求 $f'(x)$.

解　$y' = (x^3 - x + 2)' = (x^3) - (x)' + (2)'$

$\qquad = 3x^2 - 1$.

能力训练 7 – 2 – 5　设 $y = x^3 \sin x$, 求 y'.

解　$y' = (x^3 \sin x)' = (x^3)' \sin x + x^3 (\sin x)'$

$\qquad = 3x^2 \sin x - x^3 \cos x$.

能力训练 7 – 2 – 6　设 $y = \dfrac{x^2}{3 + x}$, 求 y'.

解　$y' = \dfrac{(x^2)'(3 + x) - x^2 (3 + x)'}{(3 + x)^2} = \dfrac{2x \cdot (3 + x) - x^2 \cdot 1}{(3 + x)^2} = \dfrac{6x + 2x^2 - x^2}{(3 + x)^2} = \dfrac{6x + x^2}{(3 + x)^2}$.

知识点 3: 复合函数求导法则

设函数 $u = \varphi(x)$ 在点 x 处可导, 函数 $y = f(u)$ 在相应的点 u 处可导, 则复合函数 $y = f[\varphi(x)]$ 在点 x 处可导, 且其导数为

$$\frac{\mathrm{d}y}{\mathrm{d}x} = \frac{\mathrm{d}y}{\mathrm{d}u} \cdot \frac{\mathrm{d}u}{\mathrm{d}x} \text{ 或} \frac{\mathrm{d}y}{\mathrm{d}x} = f'(u) \cdot \varphi'(x),$$

即复合函数的导数等于函数对中间变量的导数乘以中间变量对自变量的导数.

注意: (1) 也可把 $\dfrac{\mathrm{d}y}{\mathrm{d}x} = \dfrac{\mathrm{d}y}{\mathrm{d}u} \cdot \dfrac{\mathrm{d}u}{\mathrm{d}x}$ 写成 $y'_x = y'_u \cdot u'_x$.

(2) 复合函数的求导法则可以推广到多个中间变量的情形. 例如, 设 $y = f(u)$, $u = \varphi(v)$, $v = \psi(x)$ 均可导, 则复合函数 $y = f\{\varphi[\psi(x)]\}$ 的导数为

$$\frac{\mathrm{d}y}{\mathrm{d}x} = \frac{\mathrm{d}y}{\mathrm{d}u} \cdot \frac{\mathrm{d}u}{\mathrm{d}v} \cdot \frac{\mathrm{d}v}{\mathrm{d}x} \text{ 或} \frac{\mathrm{d}y}{\mathrm{d}x} = f'(u) \cdot \varphi'(v) \cdot \psi'(x).$$

复合函数求导的关键是弄清楚复合函数的复合过程, 即会分解复合函数.

能力训练 7 – 2 – 7　已知函数 $y = (3x - 2)^3$, 求 $\dfrac{\mathrm{d}y}{\mathrm{d}x}$.

解　$y = (3x - 2)^3$ 是由 $y = u^3$, $u = 3x - 2$ 复合而成的.

因为　$\dfrac{\mathrm{d}y}{\mathrm{d}u} = 3u^2$, $\dfrac{\mathrm{d}u}{\mathrm{d}x} = 3$, 所以

$$\frac{dy}{dx} = \frac{dy}{du} \cdot \frac{du}{dx} = 3u^2 \cdot 3 = 9(3x - 2)^2.$$

能力训练 7 - 2 - 8 设 $y = e^{2+3x}$，求 $\dfrac{dy}{dx}$.

解 $y = e^{2+3x}$ 由 $y = e^u$，$u = 2 + 3x$ 复合而成.

因为 $\dfrac{dy}{du} = e^u$，$\dfrac{du}{dx} = 3$，所以

$$\frac{dy}{dx} = \frac{dy}{du} \cdot \frac{du}{dx} = e^u \cdot 3 = 3e^{2+3x}.$$

能力训练 7 - 2 - 9 已知函数 $y = \sin(5x - 3)$，求 y'.

解 $y = \sin(5x - 3)$ 由 $y = \sin u$，$u = 5x - 3$ 复合而成.

因为 $y'_u = \cos u$，$u'_x = 5$，所以

$$y'_x = y'_u \cdot u'_x = \cos u \cdot 5 = 5\cos(5x - 3).$$

知识点 4：高阶导数

一般地，函数 $y = f(x)$ 的导数 $y' = f'(x)$ 仍然是 x 的函数. 把 $y' = f'(x)$ 的导数叫作函数 $y = f(x)$ 的二阶导数，记作 y''，$f''(x)$ 或 $\dfrac{d^2 y}{dx^2}$，即

$$y'' = (y')', \quad f''(x) = [f'(x)]', \quad \frac{d^2 y}{dx^2} = \frac{d}{dx}\left(\frac{dy}{dx}\right).$$

相应地，把 $y = f(x)$ 导数 $f'(x)$ 叫作函数 $y = f(x)$ 的**一阶导数**.

类似地，二阶导数的导数叫作**三阶导数**，三阶导数的导数叫作**四阶导数**，一般地，$(n-1)$ 阶导数的导数叫作 n **阶导数**，分别记作

$$y''', y^{(4)}, \cdots, y^{(n)} \ \text{或} \ \frac{d^3 y}{dx^3}, \frac{d^4 y}{dx^4}, \cdots, \frac{d^n y}{dx^n}.$$

函数 $f(x)$ 具有 n 阶导数，也常说成函数 $f(x)$ 为 n 阶可导. 二阶及二阶以上的导数统称**高阶导数**.

能力训练 7 - 2 - 10 设 $y = x^5 + 4x^2 + 3$，求 y''.

解 $y' = 5x^4 + 8x$，$y'' = 20x^3 + 8$.

能力训练 7 - 2 - 11 设 $y = e^x$，求 $y^{(n)}$.

解 $y' = e^x$，$y'' = e^x$，$\cdots$，$y^{(n)} = e^x$.

能力训练 7 - 2 - 12 设 $y = x^3 \ln x$，求 $y''|_{x=e}$.

解 $y' = 3x^2\ln x + x^3\dfrac{1}{x} = 3x^2\ln x + x^2,$

$$y'' = (3x^2\ln x + x^2)' = 6x\ln x + 3x^2\dfrac{1}{x} + 2x = 6x\ln x + 5x,$$

$$y''\big|_{x=e} = 6e\ln e + 5e = 6e + 5e = 11e.$$

三、专业（或实际）应用案例

案例 7 – 2 – 1 RLC 电路如图 7 – 3 所示，该电路中电容器两端的电压 $u(t) = e^{3t}$，求电路中流经电容器的电流强度.

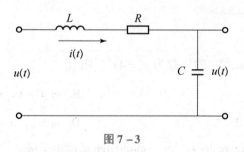

图 7 – 3

解 电容器两端的电压随着时间 t 发生变化，根据电学知识，电路中有电流通过. 电流的具体求法如下.

电流为单位时间内通过导体截面的电荷量，也就是电荷量关于时间 t 的变化率，由导数定义得 $i(t) = \mathrm{d}Q(t)/\mathrm{d}t$，其中 $Q(t)$ 为电荷量，而电容器的电荷量计算公式为

$$Q(t) = CU(t)$$

其中，C 为电容器的特性参数电容.

因此，流经电容器的电流强度为

$$i(t) = C\mathrm{d}u(t)/\mathrm{d}t = C(e^{3t})' = 3Ce^{3t}.$$

小知识大哲理

e^x 的一阶导数是它本身，其 n 阶导数还是它本身. 它在经历无数次的求导考验后依然如初. 想一想，你在经历了多次挫折和失败后，是否还能保持最初的热情与理想？每个人都应该向 e^x 学习，无论历经多少风雨，依然保持初心.

课后能力训练 7.2

1. 填空题.

（1）设 $y = x - \dfrac{1}{2}\sin x$，则 $\dfrac{dy}{dx} = $ _____.

（2）设 $y = 4x^3 + x$，则 $y'\big|_{x=1} = $ _____.

（3）设 $f(x) = x^2$，因为 $f(3) = 9$，所以 $f'(3) = $ _____.

（4）$y = x + \sin\sqrt{3}$，$y' = $ _____.

（5）$(\ln 3)' = $ _____.

2. 选择题.

（1）已知函数 $y = mx^{2m-n}$ 的导数为 $y' = 4x^3$，则（   ）.

A. $m = 1$，$n = 2$ B. $m = -1$，$n = 2$

C. $m = -1$，$n = -2$ D. $m = 1$，$n = -2$

（2）曲线 $y = x^3 - 3x$ 在点（   ）处的切线平行于 x 轴.

A. $(0, 0)$ B. $(-2, -2)$ C. $(-1, 2)$ D. $(2, 2)$

（3）下列命题正确的是（   ）.

A. 若 $f(x)$ 在点 x_0 处可导，则 $|f(x)|$ 在点 x_0 处一定可导

B. 若 $|f(x)|$ 在点 x_0 处可导，则 $f(x)$ 在点 x_0 处一定可导

C. 若 $f(x_0) = 0$，则 $f'(x_0) = 0$

D. 若 $f(x)$ 和 $g(x)$ 在点 x_0 处不可导，则 $f(x) + g(x)$ 在点 x_0 处可能可导

3. 求下列函数的导数.

（1）$y = 5x^4 - 3$；   （2）$y = \sin x - \sqrt{x}$；

（3）$y = (\sqrt{x} + 4)x^3$；   （4）$y = \dfrac{1}{x} + \sin\dfrac{\pi}{3}$；

（5）$y = x^3\tan x$；   （6）$y = x\sin x - x^2$；

（7）$y = \dfrac{x^2}{x^2 - 3}$；   （8）$y = \dfrac{\ln x}{2 + x^3}$.

4. 求下列函数的导数.

（1）$y = (3x + 5)^8$；   （2）$y = (5x - 1)^6$；

（3） $y = \sin(3x - 7)$；

（4） $y = \cos(4x + 2)$；

（5） $y = \sqrt{x^2 - 3}$；

（6） $y = \mathrm{e}^{1-2x}$；

（7） $y = \sin 3x + \cos^2 x$；

（8） $y = 2^x \sin 3x$；

（9） $y = \dfrac{x}{\sqrt{4 - x^2}}$；

（10） $y = \arcsin(2x + 3)$.

5. 求下列函数在指定点处的导数.

（1） $f(x) = 3x^2 + 5x$，求 $f'(-2)$，$f'(0)$.

（2） $f(x) = (x^2 + 3)\sin x$，求 $f'(1)$，$f'\left(\dfrac{\pi}{4}\right)$.

（3） $y = \sqrt{x^2 - 1}$，求 $y'\big|_{x=2}$.

6. 求下列函数的二阶导数.

（1） $f(x) = x^2 - 5x + \ln 2$；

（2） $y = 3\mathrm{e}^x - \ln x$；

（3） $y = \mathrm{e}^{5x^2 - 3}$.

7. 求下列函数在指定点处的二阶导数.

（1） $f(x) = (x - 1)^5$，$x = 3$；

（2） $f(x) = \mathrm{e}^{3x + 2}$，$x = 1$.

8. 飞轮在受到制动后的时间 t（单位：s）内转过的角度（单位：rad）满足函数 $\varphi(t) = 4t - 0.3t^2$，试求：

（1） $t = 2$ s 时，飞轮转过的角度及此时飞轮的旋转速率；

（2） 飞轮停止旋转的时刻.

9. 有一位于磁场中的闭合回路，通过回路的磁通量与时间的函数表达式为 $\varPhi(t) = \sin(3t + 5) + \mathrm{e}^{2t}$，随着时间的变化，该闭合回路产生感应电动势，求 $t = 2$ s 时，该回路中的感应电动势的瞬时大小.

7.3 微分及其应用

一、学习目标

能力目标：能够将实际问题中的"微小变化"问题转化为数学中的微分；能够使用微分解决实际中一些简单的近似计算问题.

知识目标：理解微分的定义以及微分的应用；掌握函数微分的求法.

二、知识链接

知识点1：函数在某一点的微分

一块形状为正方形且密度均匀的金属薄片，当它受温度变化的影响时，其边长由 x_0 变到 $x_0 + \Delta x$，问此薄片的面积改变了多少？

分析：如图 7 - 4 所示，设正方形金属薄片的边长为 x，面积为 A，则

$$A = x^2.$$

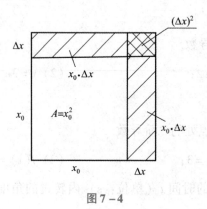

图 7 - 4

当边长 x 由 x_0 变为 $x_0 + \Delta x$ 时，面积的改变量为

$$\Delta A = (x_0 + \Delta x)^2 - x_0^2 = 2x_0\Delta x + (\Delta x)^2.$$

ΔA 由两部分组成.

第一部分是 Δx 的线性函数 $2x_0\Delta x$，即图中带有斜线的两个矩形面积之和，它是 ΔA 的主要部分；第二部分是 $(\Delta x)^2$，即图中带有交叉斜线的小正方形的面积，当 $\Delta x \to 0$ 时，$(\Delta x)^2$ 比 Δx 还要小得多，它是 ΔA 的次要部分，可以忽略不计.

由此可见，如果边长有微小改变（即 $|\Delta x|$ 很小），可以将第二部分 $(\Delta x)^2$ 忽略不计，而用第一部分 $2x_0\Delta x$ 近似地表示 ΔA，即 $\Delta A \approx 2x_0\Delta x$. 因为 $A'(x_0) = 2x_0$，所以 $\Delta A \approx A'(x_0)\Delta x$，即面积的增量近似等于面积函数的导数与边长增量之积.

对于一般函数 $f(x)$ 来说，也有类似的情形.

定义 7 - 3 - 1：设函数 $y = f(x)$ 在点 x_0 处可导，自变量 x 由 x_0 变到 $x_0 + \Delta x$，则 $f'(x_0)\Delta x$ 叫作函数 $y = f(x)$ 在点 x_0 处相应于自变量增量 Δx 的**微分**，记作 $\mathrm{d}y$，即

$$dy = f'(x_0)\Delta x.$$

此时，也称函数 $y = f(x)$ 在点 x_0 处可微.

能力训练 7 – 3 – 1 求函数 $y = x^2$ 当 $x = 2$，$\Delta x = 0.01$ 时的增量和微分.

解 函数的增量为 $\Delta y = (2 + 001)^2 - 2^2 = 0.0401$.

函数的微分为 $dy = f'(x_0) \cdot \Delta x = 2x_0 \cdot \Delta x$，因为 $x_0 = 2$，$\Delta x = 0.01$，所以

$$dy = 2 \times 2 \times 0.01 = 0.04.$$

由上例结果可看出，$\Delta y \approx dy$，误差是 0.0001.

知识点 2：函数的微分

定义 7 – 3 – 2： 函数 $y = f(x)$ 在任意点 x 处的微分，叫作函数 $y = f(x)$ 的微分，记作 dy 或 $df(x)$，即

$$dy = f'(x)\Delta x \text{ 或 } df(x) = f'(x)\Delta x.$$

对于函数 $y = x$，它的微分是 $dy = dx = x' \cdot \Delta x = \Delta x$，即

$$dx = \Delta x,$$

亦即自变量的微分等于自变量的增量.

于是，函数的微分可以写成

$$dy = f'(x)dx,$$

即函数的微分等于函数的导数与自变量微分的乘积. 从而有 $\dfrac{dy}{dx} = f'(x)$，即函数微分与自变量微分的商等于函数的导数，因此导数也叫作**微商**.

从上看到，若函数**可导**. 则函数必**可微**；反之，若函数**可微**，则函数必**可导**. 因此，可导一定可微，同样的，可微也一定可导.

通常把导数和微分统称为**微分学**.

能力训练 7 – 3 – 2 求下列函数的微分.

(1) $y = 5x^4 + 6x^2 + 3$；   (2) $y = (3x - 5)^4$；

(3) $y = \sin(2x + 3)$.

解 (1) 根据微分的定义，可得

$$dy = (5x^4 + 6x^2 + 3)'dx = (20x^3 + 12x)dx.$$

(2) 由微分的定义，可得

$$\mathrm{d}y = \left[(3x-5)^4 \right]' \mathrm{d}x = 4(3x-5)^3 \cdot 3\mathrm{d}x = 12(3x-5)^3 \mathrm{d}x.$$

（3）由微分的定义，可得

$$\mathrm{d}y = \left[\sin(2x+3) \right]' \mathrm{d}x = \cos(2x+3) \cdot 2\mathrm{d}x = 2\cos(2x+3)\mathrm{d}x.$$

能力训练 7 – 3 – 3 在括号里填上适当的函数，使下列等式成立.

（1）$\mathrm{d}(\quad) = x^3 \mathrm{d}x$； 　　　　　（2）$\mathrm{d}(\quad) = \cos x \mathrm{d}x$；

（3）$x^4 \mathrm{d}x = \mathrm{d}(\quad)$； 　　　　　（4）$\mathrm{d}(\quad) = \dfrac{1}{1+x^2}\mathrm{d}x$.

解

分析：与 $\mathrm{d}f(x) = f'(x)\mathrm{d}x$ 比较可知，这是已知函数的导数，求原来的函数的问题.

（1）因为 $\left(\dfrac{1}{4}x^4\right)' = x^3$，所以 $\mathrm{d}\left(\dfrac{1}{4}x^4\right) = x^3\mathrm{d}x$.

一般地，有 $\mathrm{d}\left(\dfrac{1}{4}x^4 + C\right) = x^3\mathrm{d}x$（$C$ 为任意常数）.

（2）因为 $(\sin x)' = \cos x$，所以 $\mathrm{d}(\sin x) = \cos x\mathrm{d}x$.

一般地，有 $\mathrm{d}(\sin x + C) = \cos x\mathrm{d}x$（$C$ 为任意常数）.

（3）因为 $\left(\dfrac{1}{5}x^5\right)' = x^4$，所以 $x^4\mathrm{d}x = \mathrm{d}\left(\dfrac{1}{5}x^5\right)$.

一般地，有 $x^4\mathrm{d}x = \mathrm{d}\left(\dfrac{1}{5}x^5 + C\right)$（$C$ 为任意常数）.

（4）因为 $(\arctan x)' = \dfrac{1}{1+x^2}$，所以 $\mathrm{d}(\arctan x) = \dfrac{1}{1+x^2}\mathrm{d}x$.

一般地，有 $\mathrm{d}(\arctan x + C) = \dfrac{1}{1+x^2}\mathrm{d}x$（$C$ 为任意常数）.

知识点 3：微分在近似计算中的应用

利用微分的知识，可以进行近似计算. 若函数 $y = f(x)$ 在区间 (a, b) 内可导，由微分的定义可知，当函数 $f(x)$ 在点 x_0 处的导数 $f'(x_0) \neq 0$ 且 $|\Delta x|$ 很小时，有

$$\Delta y \approx \mathrm{d}y = f'(x_0)\Delta x, \tag{7-3-1}$$

即

$$\Delta y = f(x_0 + \Delta x) - f(x_0) \approx f'(x_0)\Delta x,$$

变形得

$$f(x_0 + \Delta x) \approx f(x_0) + f'(x_0)\Delta x \tag{7-3-2}$$

利用式 (7-3-1) 可以求函数增量 Δy 的近似值,利用式 (7-3-2) 可以求函数 $f(x)$ 在 x_0 附近函数值的近似值.

能力训练 7-3-4 计算 $\sin 31°$ 的近似值.

解 设 $f(x) = \sin x$,则 $f'(x) = \cos x$,由近似值计算公式 (7-3-2) 得

$$\sin(x_0 + \Delta x) \approx \sin x_0 + \cos x_0 \cdot \Delta x.$$

取 $x_0 = \dfrac{\pi}{6}$,$\Delta x = \dfrac{\pi}{180}$ 代入上式,得

$$\sin 31° = \sin\left(\frac{\pi}{6} + \frac{\pi}{180}\right) \approx \sin\frac{\pi}{6} + \cos\frac{\pi}{6} \times \frac{\pi}{180}$$

$$= \frac{1}{2} + \frac{\sqrt{3}}{2} \times \frac{\pi}{180} \approx 0.5 + 0.015\ 1 = 0.515\ 1.$$

知识点 4:绝对误差与相对误差

如果某个量的精确值为 A,它的近似值为 a,那么 $|A - a|$ 叫作近似值 a 的绝对误差,而绝对误差 $|A - a|$ 与 $|a|$ 的比值 $\dfrac{|A-a|}{|a|}$ 叫作近似值 a 的相对误差.

能力训练 7-3-5 测得一根圆柱的直径为 43 cm,并已知在测量中绝对误差不超过 0.2 cm,试用此数据计算圆柱的横截面面积所引起的绝对误差和相对误差.

解 圆柱的横截面的直径 $D = 43$ cm,直径的绝对误差 $|\Delta D| \leq 0.2$,圆柱的横截面面积的近似值为

$$A = \frac{1}{4}\pi D^2 = \frac{1}{4}\pi \times 43^2 = 462.25\,(\text{cm}^2).$$

由 D 的测量误差 ΔD 所引起的面积 A 的计算误差 ΔA,可用微分 $\mathrm{d}A$ 近似计算.

$$\Delta A \approx \mathrm{d}A = A'\Big|_{D=43} \cdot \Delta D = \frac{1}{2}\pi D\Big|_{D=43} \cdot \Delta D = \frac{1}{2}\pi \times 43 \cdot \Delta D \leq 4.3\pi.$$

所以绝对误差为

$$|\Delta A| \approx |\mathrm{d}A| \leq 4.3\pi\ \text{cm}^2,$$

相对误差为

$$\frac{|\Delta A|}{|A|} \approx \left|\frac{\mathrm{d}A}{A}\right| = \frac{\frac{1}{2}\pi D \cdot |\Delta D|}{\frac{1}{4}\pi D^2} = 2 \cdot \left|\frac{\Delta D}{D}\right| \leq 2 \cdot \frac{0.2}{43} = 0.93\%.$$

三、专业（或实际）应用案例

案例 7-3-1 给一个半径为 10 cm 的球表面镀铜，铜的厚度为 0.005 cm，问大约需要多少铜？

解 球的体积为 $v(r) = \dfrac{4}{3}\pi r^3$，由题意知 $r_0 = 10$，$\Delta r = 0.005$，于是

$$\Delta v \approx \mathrm{d}v = v'(r_0)\Delta r = 4\pi r_0^2 \Delta r = 4\pi \times 10^2 \times 0.005 \approx 6.28\,(\mathrm{cm}^3),$$

即需要约 6.28 cm³ 的铜.

大国工匠：深海钳工专注筑梦

港珠澳大桥（图 7-5）是粤港澳首次合作共建的超大型跨海交通工程，其中岛隧工程是大桥的控制性工程，也是目前世界上在建的最长公路沉管隧道. 该工程采用世界最高标准，设计、施工难度均为世界之最，被誉为"超级工程".

图 7-5

在这个超级工程中，有位普通的钳工大显身手，成为明星工人. 他就是管延安，中交港珠澳大桥隧道工程 V 工区航修队首度钳工. 经他安装的沉管设备，已成功完成 18 次海底隧道对接任务，无一次出现问题. 接缝处间隙误差达到了"零误差"标准. 因为操作技艺精湛，管延安被誉为中国"深海钳工"第一人.

零误差来自近乎苛刻的认真. 管延安有两个多年养成的习惯. 一是给每台修过的机器、每个修过的零件做笔记，将每个细节详细记录在个人的"修理日志"中，遇到什么情况、怎样处理都"记录在案". 从入行到现在，他已记录了厚厚的四大本，闲暇

时他都会拿出来温故知新. 二是维修后的机器在送走前，他都会检查至少三遍. 正是这种追求极致的态度成就了管延安精湛的操作技艺.

"我平时最喜欢听的就是锤子敲击时发出的声音." 管延安说. 20 多年钳工生涯虽然艰苦，但他深深地体会到其中的乐趣.

课后能力训练 7.3

1. 填空题.

（1） $2x\mathrm{d}x = \mathrm{d}$ _____;

（2） $\dfrac{1}{x^2}\mathrm{d}x = \mathrm{d}$ _____;

（3） $3\sin 3x\mathrm{d}x = \mathrm{d}$ _____;

（4） $\sec^2 x\mathrm{d}x = \mathrm{d}$ _____;

（5） d _____ $= \dfrac{1}{x}\mathrm{d}x$;

（6） d _____ $= \dfrac{1}{\sqrt{x}}\mathrm{d}x$;

（7） $x\mathrm{d}x =$ _____ $\mathrm{d}(1-x^2)$;

（8） $\mathrm{e}^{2x}\mathrm{d}x =$ _____ $\mathrm{d}(\mathrm{e}^{2x})$;

（9） $y = 3x - 2$，当 x 从 0 变到 0.01 时的微分 $\mathrm{d}y =$ _____;

（10） $y = x^2 + 1$，当 x 从 1 变到 0.99 时的微分 $\mathrm{d}y =$ _____.

2. 选择题.

（1） 若函数 $f(x)$ 在点 x_0 处可导，则 （　　） 是错误的.

A. 函数 $f(x)$ 在点 x_0 处有定义

B. $\lim\limits_{x \to x_0} f(x) = A$，但 $A \neq f(x_0)$

C. 函数 $f(x)$ 在点 x_0 处连续

D. 函数 $f(x)$ 在点 x_0 处可微

（2） 若函数 $f(x) = x\cos x$，则 $f'(x) = $ （　　）.

A. $\cos x + x\sin x$

B. $\cos x - x\sin x$

C. $2\sin x + x\cos x$

D. $-2\sin x - x\cos x$

（3） 若函数 $f(x) = \ln 2x$，则 $f'(2) = $ （　　）.

A. 0　　　　　　B. $\dfrac{1}{4}$　　　　　　C. $\ln 4$　　　　　　D. $\dfrac{1}{2}$

3. 求下列函数的微分.

（1） $y = 3x^5 - 5x + \ln 3$;

（2） $y = (4x + 3)^5$;

（3） $y = \dfrac{x^2}{x^2 - 3}$;

（4） $y = \mathrm{e}^{3x - 5}$;

(5) $y = \sin(3x + 1)$;　　　　　　(6) $y = x^3 \sin 2x$;

(7) $y = \sqrt{1 - x^2}$;　　　　　　(8) $y = \arctan(2x - 1)$.

4. 计算下列函数值的近似值.

(1) $\cos 29°$;　　　　　　(2) $\sqrt{25.4}$;

(3) $\ln 1.01$;　　　　　　(4) $\sin 30°30'$.

5. 半径为 10 cm 的金属圆片加热后，其半径伸长了 0.05 cm，求面积增大的精确值和近似值.

6. ［电流函数］ 电路中某点处的电流 i 是通过该点处的电量 Q 关于时间 t 的瞬时变化率，如果一电路中的电量为 $Q(t) = t^3 + t$，试回答下列问题.

(1) 电流函数是什么？

(2) $t = 2$ s 时的电流是多少？

(3) 什么时候电流为 28 A？

7. 多次测量一根圆钢截面直径，其值分别为 49.9 mm、49.8 mm、50.0 mm、50.1 mm、50.2 mm、50.2 mm、50.0 mm、49.8 mm，已知测量仪器的绝对误差不超过 0.04 mm，试计算该圆钢截面面积，并估算其误差.

7.4　导数的应用

一、学习目标

能力目标：能够将电学（或实际问题）中的最优问题，转化为数学中的最值问题来解决.

知识目标：理解极大（小）值和最大（小）值的概念；掌握用导数解决电学（或实际）问题的方法.

二、知识链接

问题背景

在现实生活和生产实际中，经常会遇到在一定条件下的最大、最小、最远、最近、最好、最优问题，以及如何做才能"用料最省""产值最高""利润最大""成本最低"
"运费最省""质量最好""耗时最少"等问题，这类问题在数学上通常可以归结为求
某一函数（通常称为目标函数）在给定区间上的最大值或最小值问题，把它统称为最
值问题.

这类最值问题通常可以利用导数的知识加以解决. 具体来说，就是通过导数来讨
论函数的极值与最值的问题，讨论函数在局部与全局的最大值、最小值（简称最值）
问题，这它在实际应用中有着极其重要的现实意义.

知识点 1：函数极值及其求法

1. 极值的定义

观察图 7 – 6 可以发现，函数 $y = f(x)$ 在点 x_1，x_4 处的值比在其邻近点的值都大，
曲线在该点处达到"峰顶"；在点 x_2，x_5 处的值比在其邻近点的值都小，曲线在该点处
达到"谷底". 对于具有这种性质的点，引入函数极值的概念.

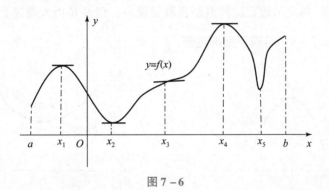

图 7 – 6

极值：设函数 $f(x)$ 在点 x_0 的某邻域内有定义，如果对于该邻域内的任意一点
$x(x \neq x_0)$，恒有

$$f(x) < f(x_0) \quad (\text{或} f(x) > f(x_0)),$$

则称 $f(x_0)$ 是函数 $f(x)$ 的**极大值（或极小值）**，称 x_0 是函数 $f(x)$ 的**极大值点（或极小
值点）**.

极大值与极小值统称**极值**，极大值点与极小值点统称**极值点**.

注：（1）函数的极值是一个局部性的概念，如果 $f(x_0)$ 是函数 $f(x)$ 的极大值（或
极小值），只是就 x_0 邻近的一个局部范围内而言 $f(x_0)$ 是最大的（或最小的），而对于
函数 $f(x)$ 的整个定义域来说不一定是最大的（或最小的）.

（3）函数的极值只能在定义域内部取得.

2. 极值的判别法

由上一部分中极值的定义可以发现，在函数取得极值处，若曲线的切线存在（即函数的导数存在），则切线一定是水平的，即函数在极值点处的导数等于零. 由此，有下面的定理.

极值存在的必要条件：如果函数 $f(x)$ 在点 x_0 处可导，且在点 x_0 处取得极值，则 $f'(x_0) = 0$.

驻点：使 $f'(x) = 0$ 的点，称为函数 $f(x)$ 的**驻点**.

可导函数的极值点必定是它的驻点，但函数的驻点却不一定是极值点. 例如，函数 $y = x^3$ 在点 $x = 0$ 处的导数等于零，但 $x = 0$ 不是 $y = x^3$ 的极值点.

归纳起来，一方面，函数可能取得极值的点是驻点和不可导点；另一方面，驻点和不可导点却又不一定是极值点. 因此，若要求函数的极值，首先要找出函数的驻点和不可导点，然后判定函数在这些点是否取得极值，以及是极大值还是极小值. 对此，参考图 7 - 7 和图 7 - 8，可得下面的定理.

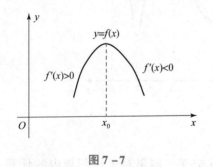

图 7 - 7

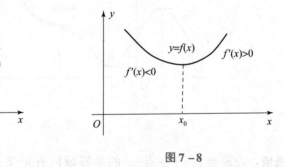

图 7 - 8

判别极值的第一充分条件：设函数 $f(x)$ 在点 x_0 的某邻域 $(x_0 - \delta, x_0 + \delta)$ 内连续且可导（在点 x_0 处可以不可导），则有以下结论.

（1）如果在点 x_0 的左邻域内，$f'(x) > 0$；在点 x_0 的右邻域内，$f'(x) < 0$，则函数 $f(x)$ 在点 x_0 处取得极大值.

（2）如果在点 x_0 的左邻域内，$f'(x) < 0$；在点 x_0 的右邻域内，$f'(x) > 0$，则函数 $f(x)$ 在点 x_0 处取得极小值.

注：如果在点 x_0 的两侧 $f'(x)$ 保持同号，则函数 $f(x)$ 在点 x_0 处没有极值.

根据上述讨论，利用第一充分条件求函数的极值点和极值的步骤如下.

（1）确定函数 $f(x)$ 的定义域；

（2）求 $f'(x)$，求出 $f(x)$ 的驻点及不可导点；

（3）用步骤（2）中求出的点将函数的定义区间划分为若干个子区间，确定 $f'(x)$ 在各个子区间的符号，确定极值点和极值.

判别极值的第二充分条件：设函数 $f(x)$ 在点 x_0 处具有二阶导数，且 $f'(x_0)=0$，$f''(x_0)\neq0$，则有：

（1）当 $f''(x_0)>0$ 时，函数 $f(x)$ 在点 x_0 处取得极小值；

（2）当 $f''(x_0)<0$ 时，函数 $f(x)$ 在点 x_0 处取得极大值.

能力训练 7-4-1 求函数 $y=\dfrac{1}{3}x^3-x^2-3x+5$ 的极值.

解 （1）函数的定义域为 $(-\infty,+\infty)$.

（2）$f'(x)=x^2-2x-3=(x+1)(x-3)$，令 $f'(x)=0$，得驻点：$x=-1$，$x=3$.

（3）列表讨论如下（表 7-1）

表 7-1

x	$(-\infty,-1)$	1	$(-1,3)$	3	$(3,+\infty)$
$f'(x)$	+	0	—	0	+
$f(x)$	↗	极大值	↘	极小值	↗

因此，函数的极大值为 $f(-1)=\dfrac{20}{3}$，极小值为 $f(3)=-4$.

能力训练 7-4-2 求函数 $y=3x^4-4x^3-1$ 的极值.

解 （1）$f(x)$ 的定义域为 $(-\infty,+\infty)$.

（2）$f'(x)=12x^3-12x^2=12x^2(x-1)$，$f''(x)=36x^2-24x$；令 $f'(x)=0$，求得驻点 $x=0$，$x=1$，没有不可导点.

（3）因为 $f''(1)=36-24=12>0$，所以 $f(x)$ 在点 $x=1$ 处取得极小值，极小值为 $f(1)=-2$. 又因为 $f''(0)=0$，在 $x=0$ 的左右邻域内 $f'(x)<0$，所以 $f(x)$ 在点 $x=0$ 处没有极值.

综合以上分析，函数 $f(x)$ 只有极小值 $f(1)=-2$.

知识点 2：函数最值及其求法

函数的极值是函数在局部范围内的最大值或最小值，本任务讨论函数在其定义域

151

或指定范围内的最大值或最小值.

1. 闭区间上函数的最值

求闭区间上函数 $f(x)$ 的最大值与最小值的方法如下.

（1）求函数 $f(x)$ 的定义域；

（2）求 $f'(x)$，再求出函数在区间内的驻点以及不可导点；

（3）计算 $f(x)$ 在上述驻点、不可导点、端点处的函数值，比较大小，即可得函数的最大值与最小值.

2. 实际问题中的最值——数学建模中的最优化问题

在实际应用中，常常会遇到求最大值或最小值的问题（称为最优化问题），比如，制作一个容积一定的容器，要求用料最少；生产中投入同样多的人力、物力、财力，要求产出最大、利润最大等. 这类问题在数学上往往可归结为求某一函数（通常称为目标函数）的最大值或最小值问题.

应用极值和最值理论解决最优化问题时，首先，要弄清要求最大值或最小值的量，该量与问题中其他量的关系怎样，以要最优化的量为目标，建立目标函数，并确定函数的定义域；其次，应用极值和最值理论求目标函数的最大值或最小值；最后，按问题的要求给出结论. 在实际问题中，如果函数 $f(x)$ 在某区间内有唯一的驻点 x_0，而且从实际问题本身又可知道 $f(x)$ 在该区间内必定有最大值或最小值，则 x_0 就是 $f(x)$ 的最大值点或最小值点.

能力训练 7-4-3 求函数 $y = 3x^4 - 4x^3 - 1$ 在 $[-1, 2]$ 上的最大值和最小值.

解 （1）指定的区间为 $[-1, 2]$.

（2）$f'(x) = 12x^3 - 12x^2 = 12x^2(x-1)$. 令 $f'(x) = 0$，得在区间 $[-1, 2]$ 内的驻点为 $x = 0$，$x = 1$.

（3）$f(-1) = 6$，$f(0) = -1$，$f(1) = -2$，$f(2) = 15$. 比较可得，函数的最大值为 $f(2) = 15$，最小值为 $f(1) = -2$.

能力训练 7-4-4 某房地产公司有 50 套公寓要出租，当月租金定为 900 元时，公寓可全部租出去，当月租金每增加 50 元时，就有 1 套公寓租不出去，而租出去的公寓每套每月需花费 100 元的整修维护费. 试问房租定为多少时，可获得最大收入？

解 首先，建立目标函数.

要想有收入（即收入不为负），房租每月至少要不少于 100 元. 当房租每月为 950 元时，就有 1 套公寓租不出去，当房租每月为 1 000 元时，就有 2 套公寓租不出去，依此类推，当房租每月为 3 400 元时，就有 50 套公寓都租不出去，因此房租的变化范围为 $[100, 3\,400]$.

设房租为每月 x 元，则租出去的公寓有 $\left(50 - \dfrac{x-900}{50}\right)$ 套，每月总收入为

$$R(x) = (x-100)\left(50 - \frac{x-900}{50}\right) = (x-100)\left(68 - \frac{x}{50}\right), x \in [100, 3\,400].$$

其次，将实际问题的最值转化为函数的最值.

将问题转化为：求函数 $R(x) = (x-100)\left(50 - \dfrac{x-900}{50}\right) = (x-100)\left(68 - \dfrac{x}{50}\right)$ 在 $[100, 3\,400]$ 上的最大值. 求导数，得

$$R'(x) = \left(68 - \frac{x}{50}\right) + (x-100)\left(-\frac{1}{50}\right) = 70 - \frac{x}{25},$$

令 $R'(x) = 0$，得唯一驻点 $x = 1\,750$.

因为房租收入问题必存在最大值，现在又只有唯一一个驻点 $x = 1\,750$，由此知 $x = 1\,750$ 为房租收入函数 $R(x)$ 的最大值点. 因此，当每月每套公寓房租定为 1 750 元时，可使该公司获得最大房租收入，此时最大房租收入为

$$R(1\,750) = (1\,750 - 100)\left(50 - \frac{1\,750 - 900}{50}\right) = 54\,450 \text{（元）}.$$

三、专业（或实际）应用案例

案例 7 – 4 – 1 设在图 7 – 9 所示的电路中，电源电动势为 $E = 200$ V，内阻 $r = 25$ Ω，问负载电阻 R 多大时，输出功率 P 最大？此时，最大输出功率 P 是多少？

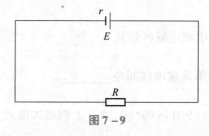

图 7 – 9

解 消耗在电阻 R 上的功率为 $P = I^2 R$，其中 I 是回路中的电流，由欧姆定律得

$$I = \frac{E}{R+r},$$

$$P = \frac{E^2 R}{(R+r)^2} \quad (0 < R < +\infty),$$

$$\frac{dP}{dR} = \frac{E^2(R+r)^2 - 2E^2 R(R+r)}{(R+r)^4},$$

$$= \frac{E^2}{(R+r)^3}(r-R) = 0,$$

解得 $R = r = 25$，即当负载电阻 R 等于内阻 $25\ \Omega$ 时，输出功率 P 最大，此时最大输出功率 $P = \dfrac{E^2}{4R} = \dfrac{200^2}{4 \times 25} = 400$ （W）.

小知识大哲理

如果把函数曲线比作人的一生，那么函数的极大值则为人生中的辉煌时刻，函数的极小值则为人生中的低落时刻．一条函数曲线有多个极大值和极小值，人的一生也是不断起落的，低谷与高峰只是人生路上的转折点．这告诉我们在辉煌时刻不要骄傲，在低落时刻不要灰心，要乐观、勇敢地面对人生中的每一个困难，任何事物的成长都不是直线上升、一帆风顺的，相反，任何事物的成长壮大都要经历艰难曲折的过程，即道路是曲折的，但前途一定是光明的．

课后能力训练 7.4

1. 填空题.

（1）函数 $y = x + \dfrac{4}{x}$ 的单调递减区间是_____.

（2）函数 $y = x^2 + 1$ 的单调递增区间是_____.

（3）函数 $y = \dfrac{1}{3}x^3 - x^2 + 9$ 在区间 $[0, 5]$ 上的最大值是_____.

（4）如果 $f'(x_0) = 0$，则 $x = x_0$ 是 $f(x)$ 的_____点.

（5）若 $x = \pm 1$ 时，函数 $y = x^3 + 3px + 1$ 取得极值，则 $p =$ _____.

2. 选择题.

（1）如果一个连续函数在闭区间上既有极大值，又有极小值，则（　　）.

A. 极大值一定是最大值

B. 极小值一定是最小值

C. 极大值一定比极小值大

D. 极大值不一定是最大值，极小值也不一定是最小值

（2）函数 $y = x(x-1)^3$ 的极值点的个数为（　　）.

A. 0 个　　　　　　B. 1 个　　　　　　C. 2 个　　　　　　D. 3 个

（3）设 $y = x - \ln x$，则此函数在区间（0，1）内（　　）.

A. 单调递增　　　　B. 有增有减　　　　C. 单调递减　　　　D. 不确定

（4）如果 $f'(x_0) = 0$，则 $x = x_0$ 是 $f(x)$ 的（　　）.

A. 极值点　　　　　B. 零点　　　　　　C. 驻点　　　　　　D. 最值点

（5）如果一个函数既有极大值又有极小值，则（　　）.

A. 极大值一定比极小值大　　　　　　　B. 极大值不一定比极小值大

C. 极大值就是函数的最大值　　　　　　D. 极小值一定比极大值小

3. 求下列函数的极值.

（1）$y = x^2 + 6x + 12$；　　　　　　　　（2）$y = x^3 - 9x^2 + 15x + 3$；

（3）$y = x^2 \ln x$；　　　　　　　　　　（4）$y = x + \dfrac{1}{x}$.

4. 求下列函数的最大值和最小值.

（1）$f(x) = x^4 - 3x^2 + 1, [-2, 2]$；　　（2）$y = x^4 - 2x^2 + 7, [-5, 5]$；

（3）$y = \sin 2x - x, \left[-\dfrac{\pi}{2}, \dfrac{\pi}{2}\right]$；　（4）$y = \dfrac{x-1}{x+1}, [0, 4]$.

5. 如图 7-10 所示，设工厂 C 到铁路的垂直距离为 20 km，垂足为 A，铁路线上距 A 点 100 km 处有一原料供应站 B，现在要在 AB 线上选定一点 D 修建一个原料中转车站，再由车站 D 向工厂修筑一条公路. 已知每吨公里铁路的运费与公路的运费之比为 3∶5，为了使原料从供应站 B 运到工厂 C 的运费最省，问 D 点应选在何处?

6. 制作一个体积为 $54\pi\text{m}^3$ 的封口的圆柱体容器，问应当如何设计，才能使用料最省?

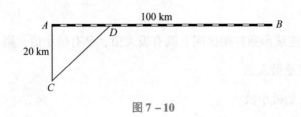

图 7 – 10

7. 做一个底为正方形、容积为 108 m³ 的长方体开口容器，怎样做能使所用材料最省？

综合能力训练 7

1. 填空题.

（1）曲线 $y = \sqrt{x} + 1$ 在点（1，2）处的切线方程是_____.

（2）函数 $y = x^2 + 1$ 的单调递增区间为_____.

（3）曲线 $y = x^2 + 1$ 在点_____处的切线斜率为 2.

（4）已知某质点的运动规律满足方程 $s = t^2 + 3$，则 $t = 2$ s 时的瞬时速度为_____.

（5）设 $y = x - \dfrac{1}{2}\sin x$，则 $\dfrac{dy}{dx} = $_____.

2. 选择题.

（1）函数 $f(x)$ 和 $g(x)$ 是定义在 R 上的两个可导函数，若 $f(x)$ 和 $g(x)$ 满足 $f'(x) = g'(x)$，则（　　）.

A. $f(x) = g(x)$　　　　　　　　　　B. $f(x) - g(x)$ 为常数函数

C. $f(x) = g(x) = 0$　　　　　　　　D. $f(x) + g(x)$ 为常数函数

（2）曲线 $y = x^3 - 3x$ 在点（　　）处的切线平行于 x 轴.

A.（0，0）　　　　B.（-2，-2）　　　　C.（-1，2）　　　　D.（2，2）

（3）函数 $y = x^3 - x^2 + 1$ 在 $x = 1$，$\Delta x = 0.1$ 时的增量与微分分别为（　　）.

A. 0.121，0.1　　　B. 0.121，1　　　C. 1.121，0.1　　　D. 1.121，1

3. 求下列函数的导数.

（1）$y = 5x^3 + \log_3 x + \cos 2$；　　　　　　　（2）$y = (x^2 + 3x)(x - 2)$；

（3）$y = \cos(3x - 5)$；

（4）$y = x\sin x$；

（5）$y = \ln \sin x$；

（6）$y = \dfrac{e^x}{x^2 + 1}$；

（7）$y = (2x + 3)^5$；

（8）$y = \sin \sqrt{x}$．

4. 求下列函数的微分.

（1）$y = 4x^5 - 3x^2 + 5$；

（2）$y = \ln(1 - x)$；

（3）$y = xe^{-x}$；

（4）$y = \dfrac{x}{\sqrt{1 + x^2}}$；

（5）$y = e^{3x}\cos x$；

（6）$y = \sin^2 x + \sin 3x$．

5. 设函数 $y = 3x^4 + 2x - 1$，求函数在点 $x = 2$ 处的导数.

6. 确定函数 $y = x^2 - 6x + 10$ 的单调性和极值.

7. 现欲围建一个面积为 $150~\text{m}^2$ 的矩形场地，所用材料的造价中正面是 $6~\text{元}/\text{m}^2$，其余三面是 $3~\text{元}/\text{m}^2$，问场地的长、宽为多少米时，才能使所用材料费最少？

8. 用铁皮做成一个容积为 V 的圆柱形无盖的容器，问应当如何设计，才能使用料最省？

9. 设某工人连续工作 t 小时后的总产量为 $q(t) = -t^3 + 6t^2 + 45t$ 件，求这个工人在一天（8 h）中的第几个小时的工作效率最高？在这个小时内的产量是多少？

10. 甲、乙两城区合用一变压器，其位置如图 7 – 11 所示. 若两城区用同型号线架设输电线，问变压器在输电干线何处时，所需输电线最短？

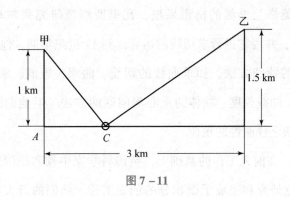

图 7 – 11

11. ［发动机的最大功率］某汽车厂家在测试新开发的汽车发动机的效率时，发现汽车发动机的效率 p（单位:%）与汽车速度 v（单位：km/h）的函数关系为 $p = 0.768\,v - 0.000\,04\,v^3$，问当汽车速度为多少时，可使汽车发动机的效率达到最高？

数学文化阅读与欣赏

——微积分的产生

微积分是微分学和积分学的总称. 它是在实数、函数和极限的基础上来研究函数的微分、积分及其有关概念和应用的一门数学分支. 微积分最重要的思想就是"微元"与"无限逼近". 微元就是将变量无限细分, 即微分; 无限就是极限, 无限逼近就是无限累加并求和式极限, 即积分. 极限思想是微积分的基础, 它用运动的思想观点来看待、处理和解决问题.

微积分在 17 世纪成为一门学科, 但微分和积分的思想早在古代就已产生. 在我国, 公元前 4 世纪惠施的"截杖问题"、公元 3 世纪刘徽的"割圆术"和公元 5—6 世纪祖冲之、祖暅对圆周率、面积及体积的研究, 都包含了极限和微积分的思想. 在欧洲, 公元前 3 世纪古希腊的欧几里得、阿基米德所建立的确定面积和体积的方法, 也都包含极限和微积分的思想.

在 16 世纪末、17 世纪初, 由于受力学问题的研究、函数概念的产生和几何问题可用代数方法来解决等事件的影响, 许多数学家开始探索微积分. 开普勒、卡瓦列里和牛顿的老师巴罗等人也研究过这些问题, 但是没有形成理论和普遍适用的方法. 1638 年, 费尔马首次引用字母表示无限小量, 并用它来解决极值问题. 不久, 他又提出了一个与现代求导过程实质相同的求切线的方法, 并用这种方法解决了一些切线问题和极值问题. 后来, 英格兰学派的格雷果里、瓦里斯继续研究费尔马的工作, 用符号"O"表示无穷小量, 并用它进行求切线的运算. 到 17 世纪早期, 他们已经建立了一系列求解无限小问题的特殊方法, 如求曲线的切线、曲率、极值, 求运动的瞬时速度, 以及求面积、体积、曲线长度、物体的重心等问题的方法. 但他们的工作几乎局限于一些具体的问题, 缺乏普遍性的规律.

17 世纪下半叶, 在前人工作的基础上, 英国科学家牛顿和德国数学家莱布尼茨分别在自己的国家独立研究和完成了微积分的创立工作. 他们的最大功绩是把两个貌似毫不相干的问题联系在一起, 一个是切线问题 (微分学的中心问题), 一个是求积问题 (积分学的中心问题).

牛顿是从物理学的角度来研究数学的, 他创立的微积分学原理与他的力学研究是分不开的. 他发现了力学三大定律和万有引力定律, 并于 1687 年出版了《自然哲学的数学原理》.《自然哲学的数学原理》从力学基础的定义和公理 (运动定律) 出发, 将整个力学建立在严谨的数学演绎的基础之上. 就数学本身而言,《自然哲学的数学原理》不仅深入地应用了牛顿本人创造的分析工具, 也是牛顿分析学说的首次正式公布. 他超越前人的功绩在于: 将前人创立的特殊技巧统一为一般的算法, 特别是确立了微分与积分这两类运算的互逆关系.

莱布尼茨是从几何学的角度来考虑微积分的. 1684 年, 他在《学艺》杂志上发表了他的第一篇微分学文章《一种求极大极小和切线的新方法》. 他在文章中谈到量的微分概念, 提出量的和、差、积、商、根、幂的微分公式, 以及微分方法在求切线、求极值等几何问题上的应用. 莱布尼茨后来又陆续发表了一些文章, 提出了指数、对数的微分公式和微分的进一步应用, 他力图找到普遍的方法来解决数学分析中的问题. 就这样, 要 17 世纪 70 年代中期, 莱布尼茨通过研究几何问题, 也建立了微积分算法. 他所引进的微积分符号 "d" 和 "∫" 比牛顿所用的符号更灵活, 更能反映微积分的本质, 因此这些符号一直沿用至今.

牛顿和莱布尼茨的工作是各自独立的, 牛顿创立微积分要比莱布尼茨早 10 年左右, 但莱布尼茨比牛顿早 3 年正式公开发表微积分这一理论. 二人的工作有很大不同, 主要区别是: 牛顿把 x 和 y 的无穷小增量作为求导数的手段, 当增量越来越小时, 导数实际上就是增量的比的极限; 而莱布尼茨直接用 x 和 y 的无穷小增量 (就是微分) 求出它们之间的关系. 这个差别反映了牛顿的物理学方向和莱布尼茨的几何学方向的不同思维方式. 在物理学方面, 需要关注速度、加速度等问题, 而几何学却着眼于面积、体积的计算. 牛顿用级数表示函数, 而莱布尼茨用有限的形式来实现. 他们的工作方式也不同, 牛顿是富有经验的、具体的和谨慎的, 而莱布尼茨是富于想象的、热衷于推广的和大胆的. 他们对符号的关心度也有差别, 牛顿认为用什么符号无关紧要, 而莱布尼茨却花费很多时间来选择富有提示性的符号.

到 19 世纪, 经过法国数学家柯西、德国数学家魏尔斯特拉斯等人的进一步严格化处理, 极限理论成了微积分的坚实基础, 微积分因此得到进一步发展.

微积分是数学中的伟大革命, 它是高等数学的主要分支, 其应用非常广泛, 在不同学科中都有极为重要的应用, 堪称人类智慧最伟大的成就之一.

第8章 积分及其应用

【名人名言】

数学是知识的工具，亦是其他知识工具的泉源．

——笛卡儿

【本章导学】

积分的数学思想是无限求和，它可追溯到古希腊．公元前 5 世纪，德谟克利特认为线段、平面和立体都是由一些不可再分的原子构成的，而面积、体积就是将这些原子累加起来．他利用原子论求出了圆锥的体积，虽然这种推理方法不够严谨，但却蕴含着积分思想．公元前 3 世纪，数学家、物理学家阿基米德将穷竭法和原子论结合，求出了抛物线弓形的面积及阿基米德线第一周围成的区域的面积，采用的是"分割——求和——逐次逼近"的方法．古希腊人在丈量形状不规则的土地时，先用规则图形（如矩形、三角形等）把土地分割成若干小块，然后计算出每一规则图形的面积，将其相加得到整块土地面积的近似值．以上这些都是积分思想的萌芽．

前面已经研究了求已知函数导数的问题，但在科学技术中，常常需要研究其相反问题，即求一个未知函数，使其导数恰好是某已知函数，这就是本章将要介绍的积分问题．本章从定积分的概念和性质出发，引出不定积分的概念、性质和积分方法，进而分析和解决有关的实际问题．

【学习目标】

能力目标：会用直接积分法、换元积分法和分部积分法；会用积分的思想方法解决一些简单的实际问题（如求路程、面积、体积、功、水压等）．

知识目标：理解定积分、不定积分的概念；掌握积分的计算方法；理解利用积分解决实际问题的思想方法和步骤．

素质目标：培养分工合作、独立完成任务的能力；养成系统分析问题、解决问题的能力．

8.1　定积分的概念

一、学习目标

能力目标：能够将电学实际应用问题中的与时间累积有关问题，转化为数学中的积分问题.

知识目标：掌握积分的几何意义；理解积分的定义；了解微元法.

二、知识链接

知识点1：定积分定义

1. 问题背景

[求曲边梯形的面积]　将由曲线 $y = f(x)$，直线 $x = a$，$x = b$ 及 x 轴所围成的平面图形称为曲边梯形（图 8 - 1）.

思路：先将曲边梯形分割成若干个小曲边梯形，每个小曲边梯形都用一个小矩形近似代替，则所有小矩形面积之和就是曲边梯形面积的近似值，当把曲边梯形无限细分时，所有小矩形面积之和的极限就是曲边梯形的面积.

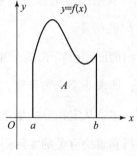

图 8 - 1

求曲边梯形的面积 A 可分四步进行（图 8 - 2、图 8 - 3）.

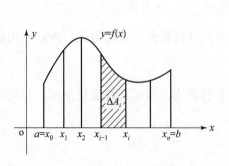

图 8 - 2

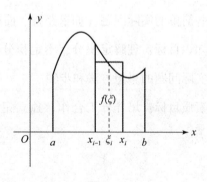

图 8 - 3

1）分割

用 $n-1$ 个分点 $a=x_0<x_1<x_2<\cdots<x_{n-1}<x_n=b$，把区间 $[a,b]$ 分成 n 个小区间，$[x_0,x_1]$，$[x_1,x_2]$，$\cdots$，$[x_{n-1},x_n]$，每个小区间的长度记为：$\Delta x_i=x_i-x_{i-1}$ （$i=1$，2，$\cdots$，n），相应的曲边梯形被分成 n 个小曲边梯形，第 i 个小曲边梯形的面积记为 ΔA_i （$i=1$，2，$\cdots$，n），显然曲边梯形的面积 $A=\displaystyle\sum_{i=1}^{n}\Delta A_i$.

2）近似代替

在每个小区间 $[x_{i-1},x_i]$ 上任取一点 $\xi_i(x_{i-1}\leqslant\xi_i\leqslant x_i)$，用小矩形面积 $f(\xi)\Delta x_i$ $(i=1,2,\cdots,n)$ 代替相应的小曲边梯形的面积，即

$$\Delta A_i\approx f(\xi_i)\Delta x_i(i=1,2,\cdots,n).$$

3）求和

把 n 个小矩阵形的面积相加，得到曲边梯形面积的近似值，即

$$A=\sum_{i=1}^{n}\Delta A_i\approx\sum_{i=1}^{n}f(\xi_i)\Delta x_i.$$

4）取极限

记 $\lambda=\max\{\Delta x_1,\Delta x_2,\cdots,\Delta x_n\}$ 当 $\lambda\to 0$ 时，即每个小区间长度趋于零时，和式 $\displaystyle\sum_{i=1}^{n}f(\xi_i)\Delta x_i$ 的极限就是曲边梯形面积 A 的精确值，即 $A=\displaystyle\lim_{i\to 0}\sum_{i=1}^{n}f(\xi_i)\Delta x_i.$

为刻画上述情况下的**极限值**，引入数学概念：**定积分**.

2. 定积分的定义

定积分：设函数 $f(x)$ 在 $[a,b]$ 上有界，在 $[a,b]$ 中任意插入 $n-1$ 个分点 $a=x_0<x_1<x_2<\cdots<x_{n-1}<x_n=b$，把区间 $[a,b]$ 分成 n 个小区间 $[x_{i-1},x_i](i=1,2,\cdots,n)$，其长度记作 $\Delta x_i=x_i-x_{i-1}(i=1,2,\cdots,n)$，在每个小区间 $[x_{i-1},x_i]$ 上任取一个点 $\xi_i(x_{i-1}\leqslant\xi_i\leqslant x_i)$，作乘积 $f(\xi_i)\Delta x_i$ 的和式 $\displaystyle\sum_{i=1}^{n}f(\xi_i)\Delta x_i$，记 $\lambda=\max\{\Delta x_1,\Delta x_2,\cdots,\Delta x_n\}$，如果不论对区间 $[a,b]$ 采取何种分法以及 ξ_i 如何选取，只要当 $\lambda\to 0$ 时，和式的极限存在，则称此极限值为函数 $f(x)$ 在区间 $[a,b]$ 上的**定积分**，记作 $\displaystyle\int_a^b f(x)\mathrm{d}x$，即

$$\int_a^b f(x)\mathrm{d}x=\lim_{\lambda\to 0}\sum_{i=1}^{n}f(\xi_i)\Delta x_i,$$

其中 "$\displaystyle\int$" 称为**积分号**，x 称为**积分变量**，$f(x)$ 称为**被积函数**，$f(x)\mathrm{d}x$ 称为**被积表达**

式，a 称为**积分下限**，b 称为**积分上限**，$[a,b]$ 称为**积分区间**.

根据定积分的定义，上述案例可以表述为

$$曲边梯形面积 A = \int_a^b f(x)\,dx.$$

定积分定义的说明如下.

(1) $\int_a^b f(x)\,dx = \int_a^b f(t)\,dt = \int_a^b f(u)\,du$，即定积分的值只与被积函数和积分区间有关，而与积分变量无关.

(2) $\int_a^b f(x)\,dx = -\int_b^a f(x)\,dx$；

(3) $\int_a^a f(x)\,dx = 0$.

知识点 2：定积分的几何意义

从曲边梯形面积的计算可以看出：

当 $f(x) \geqslant 0$ 时，定积分 $\int_a^b f(x)\,dx$ 表示由曲线 $y = f(x)$，直线 $x = a$，$x = b$ 及 x 轴所围成的平面图形的面积 A，即 $\int_a^b f(x)\,dx = A$（图 8 - 4）.

当 $f(x) \leqslant 0$ 时，$\int_a^b f(x)\,dx = -A$（图 8 - 5）.

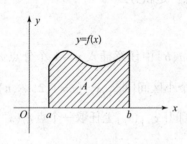

图 8 - 4

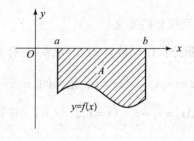

图 8 - 5

因此，定积分 $\int_a^b f(x)\,dx$ 的几何意义为：它是由曲线 $y = f(x)$，直线 $x = a$，$x = b$ 以及 x 轴所围成平面图形面积的代数和，即 $\int_a^b f(x)\,dx = A_1 - A_2 + A_3$（图 8 - 6）.

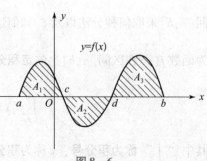

图 8 - 6

能力训练 8 – 1 – 1 用定积分表示图 8 – 7 中阴影部分的面积.

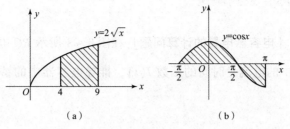

图 8 – 7

解 （1）图 8 – 7（a）中阴影部分的面积 $A = \int_4^9 2\sqrt{x}\,\mathrm{d}x$.

（2）图 8 – 7（b）中阴影部分的面积 $A = A_1 + A_2 = \int_{-\frac{\pi}{2}}^{\frac{\pi}{2}} \cos x\,\mathrm{d}x - \int_{\frac{\pi}{2}}^{\pi} \cos x\,\mathrm{d}x$.

能力训练 8 – 1 – 2 利用定积分的几何意义计算下列定积分：

$$\int_0^2 \sqrt{4 - x^2}\,\mathrm{d}x.$$

解 被积函 $f(x) = \sqrt{4 - x^2}$，化简得

$$x^2 + y^2 = 4\,(0 \leqslant x \leqslant 2, y > 0),$$

即单位圆在第一象限部分，根据定积分的几何意义，求定积分的值即求被积函数与 x 轴所围成图形的面积，所以得

$$\int_0^2 \sqrt{4 - x^2}\,\mathrm{d}x = \frac{\pi \times 2^2}{4} = \pi.$$

知识点 3：定积分的性质

性质 8 – 1 – 1 $\int_a^b [f(x) \pm g(x)]\,\mathrm{d}x = \int_a^b f(x)\,\mathrm{d}x \pm \int_a^b g(x)\,\mathrm{d}x$.

性质 8 – 1 – 2 $\int_a^b kf(x)\,\mathrm{d}x = k\int_a^b f(x)\,\mathrm{d}x$ （k 为常数）.

性质 8 – 1 – 3 （定积分的区间可加性）$\int_a^b f(x)\,\mathrm{d}x = \int_a^c f(x)\,\mathrm{d}x + \int_c^b f(x)\,\mathrm{d}x$.

性质 8 – 1 – 4 $\int_a^b 1\,\mathrm{d}x = \int_a^b \mathrm{d}x = b - a$.

性质 8 – 1 – 5 如果在区间 $[a,b]$ 上 $f(x) \geqslant 0$，则 $\int_a^b f(x)\,\mathrm{d}x \geqslant 0$.

性质 8 – 1 – 6 如果在区间 $[a,b]$ 上有 $f(x) \leqslant g(x)$，则 $\int_a^b f(x)\,\mathrm{d}x \leqslant \int_a^b g(x)\,\mathrm{d}x$.

三、专业（或实际）应用案例

案例 8 – 1 – 1 ［**电容器电量的计算问题**］ 在图 8 – 8 所示 RC 电路中，给电容器充电的时段内，电路中的电流是时间的函数 $I(t)$，推导电容器中的蓄电量 Q 与时间 t 的关系式.

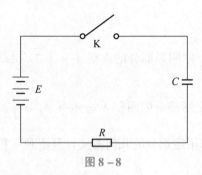

图 8 – 8

解 电容器的电量是由电荷的定向移动得到的，而电荷的定向移动形成电流，电量的多少与电流的强度有直接关系，电流为恒定电流时二者之间的关系式为

$$Q = It.$$

现由于电流为非恒定电流，可采用微元法思想：把整段时间分割成若干小段时间，将每小段时间内电流看作不变，求出各小段时间的电量再相加，便得到电量的近似值，最后通过对时间的无限细分过程求得电量的精确值.

（1）分割. $T_1 = t_0 < t_1 < t_2 < \cdots < t_{n-1} < t_n = T_2$，各小段时间记为 $\Delta t_i = t_i - t_{i-1}(i = 1, 2, \cdots, n)$.

（2）近似代替. 在第 i 个小区间 $[t_{i-1}, t_i]$ 上任取一点 ξ_i，用 $I(\xi_i)\Delta t_i$ 近似代替电容器在第 i 个小段时间的电量 Δq_i，即 $\Delta q_i \approx I(\xi_i)\Delta t_i$.

（3）求和. $Q \approx \sum_{i=1}^{n} I(\xi_i)\Delta t_i$.

（4）取极限. 记 $\lambda = \max\{\Delta t_1, \Delta t_2, \cdots, \Delta t_n\}$，当 $\lambda \to 0$ 时，和式 $\sum_{i=1}^{n} I(\xi_i)\Delta t_i$ 的极限就是电量 Q 的精确值，即 $Q = \lim\limits_{\lambda \to 0} \sum_{i=1}^{n} I(\xi_i)\Delta t_i$.

由定积分的定义和电容器充电的过程可知电量与电流强度的关系是

$$Q(t) = \int_0^t I(t)\,dt.$$

小知识大哲理

在上述问题背景中，将一个曲边梯形分割成无数个小曲边梯形，再"取近似—作和—求极限"，而前期分割的小曲边梯形个数越多，最后求出来的曲边梯形的面积值越精确．在生活中也是这样，遇到问题时，可以先将其划分为几个小问题逐一解决，而问题划分得越精细，将一些细节问题凸显出来，问题将解决得越完美．可见，细节决定成败．

课后能力训练 8.1

1. 用定积分表示下列图形中阴影部分的面积（图 8 - 9）.

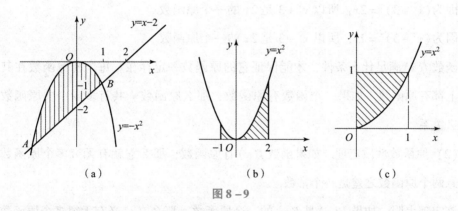

（a）　　　　　　　（b）　　　　　　　（c）

图 8 - 9

2. 利用定积分的几何意义计算下列定积分．

（1）$\displaystyle\int_{0}^{2} x\,\mathrm{d}x$；

（2）$\displaystyle\int_{0}^{4} \sqrt{16 - x^2}\,\mathrm{d}x$．

8.2　微积分基本公式

一、学习目标

能力目标：能够利用定积分的基本公式来计算比较简单的积分，并利用积分来解决实际问题.

知识目标：掌握积分的基本公式和微积分基本公式；理解原函数的概念和定积分与不定积分的联系.

二、知识链接

知识点1：原函数与不定积分

1. 原函数的概念

（1）原函数. 如果在某一区间上，有 $F'(x) = f(x)$ 或 $dF(x) = f(x)dx$，则称函数 $F(x)$ 是 $f(x)$ 在该区间上的一个**原函数**.

例如，因为 $(\sin x)' = \cos x$，所以 $\sin x$ 是 $\cos x$ 的一个原函数.

因为 $(x^2)' = 2x$，所以 x^2 是 $2x$ 的一个原函数.

因为 $(x^2 + 3)' = 2x$，所以 $x^2 + 3$ 是 $2x$ 的一个原函数.

因为 $(x^2 - 3)' = 2x$，所以 $x^2 - 3$ 是 $2x$ 的一个原函数.

函数 $f(x)$ 满足什么条件，才能保证它的原函数一定存在？每个初等函数在其定义区间上都有原函数. 如果一个函数有原函数，那么原函数一共有多少个？原函数之间有什么关系？

（2）原函数性质定理. 如果函数 $f(x)$ 有原函数，那么它就有无穷多个原函数，并且任意两个原函数之差是一个常数.

该定理表明，如果 $F(x)$ 是 $f(x)$ 的一个原函数，那么 $f(x)$ 必有无穷多个原函数，并且任意一个原函数都可以表示为 $F(x) + C$ 的形式，C 是任意常数. 也就是说，$F(x) + C$ 就是 $f(x)$ 的全部原函数.

2. 不定积分的概念

不定积分：函数 $f(x)$ 的全部原函数称为 $f(x)$ 的**不定积分**，记作 $\int f(x)dx$，其中符号 "$\int$" 称为积分号，$f(x)$ 称为被积函数，$f(x)dx$ 称为被积表达式，x 称为积分变量.

由定义可知，若 $F(x)$ 是 $f(x)$ 的一个原函数，则

$$\int f(x)dx = F(x) + C,$$

其中 C 是任意常数，称为积分常数.

该定义还表明，求函数 $f(x)$ 的不定积分，就是求 $f(x)$ 的全部原函数，这时只要求出 $f(x)$ 的一个原函数，再加上任意常数 C 即可.

能力训练 8 – 2 – 1 求 $\int x \mathrm{d}x$.

解 因为 $\left(\dfrac{1}{2}x^2\right)$ ，所以 $\dfrac{1}{2}x^2$ 是 x 的一个原函数，于是

$$\int x \mathrm{d}x = \frac{1}{2}x^2 + C.$$

能力训练 8 – 2 – 2 求 $\int \dfrac{1}{x}\mathrm{d}x$.

解 当 $x > 0$ 时，因为 $(\ln x)' = \dfrac{1}{x}$ ，所以 $\int \dfrac{1}{x}\mathrm{d}x = \ln x + C$.

当 $x < 0$ 时，因为 $[\ln(-x)]' \cdot (-x)' = \dfrac{1}{x}$ ，所以 $\int \dfrac{1}{x}\mathrm{d}x = \ln(-x) + C$.

将上面两式合并，得 $\int \dfrac{1}{x}\mathrm{d}x = \ln|x| + C$.

知识点 2：不定积分的性质

性质 8 – 2 – 1 $\left[\int f(x)\mathrm{d}x\right]' = f(x)$ 或 $\mathrm{d}\left[\int f(x)\mathrm{d}x\right] = f(x)\mathrm{d}x$.

性质 8 – 2 – 2 $\int F'(x)\mathrm{d}x = F(x) + C$ 或 $\int \mathrm{d}F(x) = F(x) + C$.

由此可见，积分与微分互为逆运算，当积分符号与微分符号连在一起时，或互相抵消，或抵消后相差一个常数.

利用微分运算法则和不定积分的定义，可得下列运算性质.

性质 8 – 2 – 3 $\int kf(x)\mathrm{d}x = k\int f(x)\mathrm{d}x \,(k \text{ 为常数})$.

性质 8 – 2 – 4 $\int [f(x) \pm g(x)]\mathrm{d}x = \int f(x)\mathrm{d}x \pm \int g(x)\mathrm{d}x$.

注：性质 8 – 2 – 4 可推广到有限多个函数之和的情形.

知识点 3：基本积分公式

根据不定积分的定义，由导数的基本公式，可得到基本积分公式，如下所示.

$(1) \int \mathrm{d}x = x + C$; $\qquad\qquad (2) \int x^\alpha \mathrm{d}x = \dfrac{1}{\alpha + 1}x^{\alpha+1} + C\,(\alpha \neq -1)$;

(3) $\int \dfrac{1}{x}\mathrm{d}x = \ln|x| + C$; (4) $\int a^x \mathrm{d}x = \dfrac{1}{\ln a}a^x + C$;

(5) $\int \mathrm{e}^x \mathrm{d}x = \mathrm{e}^x + C$; (6) $\int \sin x \mathrm{d}x = -\cos x + C$;

(7) $\int \cos x \mathrm{d}x = \sin x + C$; (8) $\int \dfrac{1}{1 + x^2}\mathrm{d}x = \arctan x + C$.

这些公式是求不定积分的基础,必须熟记.

能力训练 8 - 2 - 3 求 $\int \dfrac{1}{\sqrt[5]{x^3}}\mathrm{d}x$.

解 $\int \dfrac{1}{\sqrt[5]{x^3}}\mathrm{d}x = \int \dfrac{1}{x^{\frac{3}{5}}}\mathrm{d}x = \int x^{-\frac{3}{5}}\mathrm{d}x = \dfrac{5}{2}x^{\frac{2}{5}} + C$.

能力训练 8 - 2 - 4 求 $\int x^2 \sqrt{x}\mathrm{d}x$.

解 $\int x^2 \sqrt{x}\mathrm{d}x = \int x^{\frac{5}{2}}\mathrm{d}x = \dfrac{x^{\frac{5}{2}+1}}{\frac{5}{2}+1} + C = \dfrac{2}{7}x^{\frac{7}{2}} + C = \dfrac{2}{7}x^3 \sqrt{x} + C$.

能力训练 8 - 2 - 5 求 $\int 2^x \mathrm{e}^x \mathrm{d}x$.

解 $\int 2^x \mathrm{e}^x \mathrm{d}x = \int (2\mathrm{e})^x \mathrm{d}x = \dfrac{(2\mathrm{e})^x}{\ln(2\mathrm{e})} + C = \dfrac{2^x \mathrm{e}^x}{1 + \ln 2} + C$.

能力训练 8 - 2 - 6 求 $\int \cos^2 \dfrac{x}{2}\mathrm{d}x$.

解 $\int \cos^2 \dfrac{x}{2}\mathrm{d}x = \int \dfrac{1 + \cos x}{2}\mathrm{d}x = \dfrac{1}{2}\int (1 + \cos x)\mathrm{d}x = \dfrac{1}{2}(x + \sin x) + C$.

能力训练 8 - 2 - 7 求 $\int \left(3x^5 - 2\sin x + \dfrac{5}{x} + 7\right)\mathrm{d}x$.

解 $\int \left(3x^5 - 2\sin x + \dfrac{5}{x} + 7\right)\mathrm{d}x$

$= 3\int x^5 \mathrm{d}x - 2\int \sin x \mathrm{d}x + 5\int \dfrac{1}{x}\mathrm{d}x + 7\int \mathrm{d}x$

$= 3 \times \dfrac{1}{5 + 1}x^{5+1} + 2\cos x + 5\ln|x| + 7x + C$

$= \dfrac{1}{2}x^6 + 2\cos x + 5\ln|x| + 7x + C$.

注:解答中出现 4 个积分,按道理计算后应有 4 个积分常数,但由于这些任意常

数之和仍是任意常数, 因此, 只要总的写出一个任意常数 C 即可.

知识点 4: 微积分基本公式

定理　如果函数 $F(x)$ 是初等函数 $f(x)$ 在区间 $[a, b]$ 上的一个原函数, 则

$$\int_a^b f(x)\,\mathrm{d}x = F(b) - F(a).$$

这就是**牛顿 – 莱布尼茨公式**, 又称为**微积分基本公式**.

为了方便起见, 将 $F(b) - F(a)$ 记为 $F(x)\big|_a^b$ 或 $[F(x)]_a^b$, 于是有

$$\int_a^b f(x)\,\mathrm{d}x = F(x)\big|_a^b = F(b) - F(a) \text{ 或} \int_a^b f(x)\,\mathrm{d}x = [F(x)]_a^b = F(b) - F(a).$$

这个公式表明, 计算定积分 $\displaystyle\int_a^b f(x)\,\mathrm{d}x$, 只要求出 $f(x)$ 的一个原函数 $F(x)$ (即求不定积分), 并计算 $F(b) - F(a)$ 的值即可.

牛顿 – 莱布尼茨公式建立了定积分与不定积分之间的联系, 简化了定积分的计算, 从而使积分学在各个科学领域得到广泛的应用.

能力训练 8 – 2 – 8　计算 $\displaystyle\int_0^2 x^2\,\mathrm{d}x$.

解　$\displaystyle\int_0^2 x^2\,\mathrm{d}x = \frac{1}{3}x^3\Big|_0^2 = \frac{1}{3}\times 2^3 - \frac{1}{3}\times 0 = \frac{8}{3}$.

能力训练 8 – 2 – 9　计算 $\displaystyle\int_0^3 \mathrm{e}^x\,\mathrm{d}x$.

解　$\displaystyle\int_0^3 \mathrm{e}^x\,\mathrm{d}x = \mathrm{e}^x\big|_0^3 = \mathrm{e}^3 - \mathrm{e}^0 = \mathrm{e}^3 - 1$.

能力训练 8 – 2 – 10　计算 $\displaystyle\int_0^1 \frac{1}{1+x^2}\,\mathrm{d}x$.

解　$\displaystyle\int_0^1 \frac{1}{1+x^2}\,\mathrm{d}x = \arctan x\big|_0^1 = \arctan 1 - \arctan 0 = \frac{\pi}{4}$.

三、专业 (或实际) 应用案例

案例 8 – 2 – 1　[**电感器系的计算问题**]　在 RL 电路中, 会产生电磁波, 产生电磁波的原因大致如下: 电感线圈通过电流吸收能量, 将电能转化为磁能, 以电磁波的形式发射. 电感元件吸收的功率的计算公式为

$$p = ui = Li\frac{\mathrm{d}i}{\mathrm{d}t}.$$

根据以上提示，现建立电感元件吸收的能量 W 与电流 I 之间的关系式. 并求电流 I 从 0 增加到 2 时，电感元件在这个过程中吸收的能量.

解 电流为零时，磁场亦为零，即无磁场能量，在 dt 时间内，电感元件在磁场中的能量增加量为

$$dW = pdt = Lidi.$$

由定积分的定义知，当电流从 0 增大到 i 时，电感元件储存的磁场能量为

$$W = \int_0^i Lidi = \frac{1}{2}Li^2.$$

由此可见，磁场能量只与最终的电流值有关，而与电流变化的过程无关.

根据上述描述，当电流 I 从 0 增加到 2 时，电感元件在这个过程中吸收的能量为

$$W = \int_0^2 Lidi = \frac{1}{2}Li^2 \Big|_0^2 = 2L.$$

课后能力训练 8.2

1. 判断题.

（1）$y = \ln 2x$ 与 $y = \ln x$ 是同一个函数的原函数.

（2）若 $\int f(x)dx = \int g(x)dx$，则 $f(x) = g(x)$.

（3）若 $\int f(x)dx = f(x) + C$，则 $f(x) = e^x$.

（4）若 $F'(x) = f(x)$，则 $\int F'(x)dx = f(x) + C$.

2. 填空题.

（1）$\left(\int \sqrt{2 + x^2}dx\right)' = $ _____.

（2）$\int d(e^{2x}\sin 3x) = $ _____.

3. 求下列不定积分.

（1）$\int \dfrac{2}{x^4}dx$；

（2）$\int \dfrac{\sqrt{x}}{x^3}dx$；

（3）$\int 2x(3 + x - x^2)dx$；

（4）$\int \dfrac{1 + 2x - 3x^2}{x^2}dx$；

（5）$\int \dfrac{6^x - 3^x}{2^x} \mathrm{d}x$;　　　　　　　（6）$\int \sin^2 \dfrac{x}{2} \mathrm{d}x$.

4. 若曲线过点$(2，4)$，且曲线上任意一点处切线的斜率都等于该点横坐标的平方，求该曲线的方程.

5. 求下列定积分.

（1）$\int_1^2 \left(x^2 + \dfrac{1}{x^3}\right) \mathrm{d}x$;　　　　　　　（2）$\int_1^2 \mathrm{e}^x (1 - \mathrm{e}^{-x}) \mathrm{d}x$.

8.3　换元积分法

一、学习目标

能力目标：能够利用定积分的定义，利用定积分解决电学实际应用问题.

知识目标：掌握不定积分的换元法，理解定积分的换元法.

二、知识链接

知识点 1：第一换元积分法

如果被积函数是复合函数，无法直接使用基本积分公式，可通过引入中间变量 u，将原积分化为关于变量 u 的一个简单的积分，再套用基本积分公式求解.

一般地，有下面的定理.

第一类换元定理　设 $\int f(u) \mathrm{d}u = F(u) + C$，且 $u = \varphi(x)$ 为可微函数，则

$$\int f[\varphi(x)] \varphi'(x) \mathrm{d}x = F[\varphi(x)] + C.$$

这个定理表明：在基本积分公式中，x 换成任一可微函数 $u = \varphi(x)$ 后公式仍然成立，这就扩大了基本积分公式的使用范围.

若不定积分的被积表达式 $g(x)\mathrm{d}x$ 能写为 $f[\varphi(x)] \varphi'(x) \mathrm{d}x = f[\varphi(x)] \mathrm{d}\varphi(x)$ 的形式，那么就可以按下述方法计算不定积分：

$$\int g(x) \mathrm{d}x = \int f[\varphi(x)] \varphi'(x) \mathrm{d}x = \int f[\varphi(x)] \mathrm{d}\varphi(x)$$

$$\xlongequal{\text{令}\ \varphi(x)=u}\int f(u)\,\mathrm{d}u=F(u)+C$$

$$\xlongequal{\text{回代}\ u=\varphi(x)}F[\varphi(x)]+C.$$

这样的积分方法,称为**第一类换元积分法或凑微分法**.

在凑微分时,常用到下列凑微分的式子,熟悉它们有助于求不定积分.

(1) $\mathrm{d}x=\dfrac{1}{a}\mathrm{d}(ax+b)$; (2) $x^n\mathrm{d}x=\dfrac{1}{n+1}\mathrm{d}(x^{n+1})$($n$ 为正整数);

(3) $\dfrac{1}{x}\mathrm{d}x=\mathrm{d}(\ln x)(x>0)$; (4) $\dfrac{1}{\sqrt{x}}\mathrm{d}x=2\mathrm{d}(\sqrt{x})$;

(5) $\dfrac{1}{x^2}\mathrm{d}x=-\mathrm{d}\left(\dfrac{1}{x}\right)$; (6) $\dfrac{1}{1+x^2}\mathrm{d}x=\mathrm{d}(\arctan x)$;

(7) $\mathrm{e}^x\mathrm{d}x=\mathrm{d}(\mathrm{e}^x)$; (8) $\cos x\mathrm{d}x=\mathrm{d}(\sin x)$;

(9) $\sin x\mathrm{d}x=-\mathrm{d}(\cos x)$.

能力训练 8-3-1 求 $\displaystyle\int(3x-1)^6\mathrm{d}x$.

解 $\displaystyle\int(3x-1)^6\mathrm{d}x=\dfrac{1}{3}\int(3x-1)^6\cdot3\mathrm{d}x=\dfrac{1}{3}\int(3x-1)^6\mathrm{d}(3x-1)$

$$\xlongequal{\text{令}\ 3x-1=u}\dfrac{1}{3}\int u^6\mathrm{d}u=\dfrac{1}{3}\cdot\dfrac{u^7}{7}+C\xlongequal{\text{回代}\ u=3x+1}\dfrac{(3x-1)^7}{21}+C.$$

能力训练 8-3-2 求 $\displaystyle\int x\mathrm{e}^{x^2}\mathrm{d}x$.

解 $\displaystyle\int x\mathrm{e}^{x^2}\mathrm{d}x=\dfrac{1}{2}\int \mathrm{e}^{x^2}2x\mathrm{d}x=\dfrac{1}{2}\int \mathrm{e}^{x^2}\mathrm{d}(x^2)\xlongequal{\text{令}\ x^2=u}\dfrac{1}{2}\int \mathrm{e}^u\mathrm{d}u$

$$=\dfrac{1}{2}\mathrm{e}^u+C\xlongequal{\text{回代}\ u=x^2}\dfrac{1}{2}\mathrm{e}^{x^2}+C.$$

能力训练 8-3-3 求 $\displaystyle\int\dfrac{\ln^5 x}{x}\mathrm{d}x$.

解 $\displaystyle\int\dfrac{\ln^5 x}{x}\mathrm{d}x=\int\ln^5 x\cdot\dfrac{1}{x}\mathrm{d}x=\int\ln^5 x\mathrm{d}(\ln x)\xlongequal{\text{令}\ \ln x=u}\int u^5\mathrm{d}u$

$$=\dfrac{u^6}{6}+C\xlongequal{\text{回代}\ u=\ln x}\dfrac{\ln^6 x}{6}+C.$$

当运算比较熟练后,变量代换和回代的步骤可以省略不写.

能力训练 8-3-4 求 $\displaystyle\int 2x\sqrt{1-x^2}\mathrm{d}x$.

解 $\displaystyle\int 2x\sqrt{1-x^2}\,\mathrm{d}x = -\int (1-x^2)^{\frac{1}{2}}\mathrm{d}(1-x^2)$

$$= -\frac{1}{1+\frac{1}{2}}(1-x^2)^{\frac{1}{2}+1} + C = -\frac{2}{3}(1-x^2)^{\frac{3}{2}} + C.$$

能力训练 8 – 3 – 5 求 $\displaystyle\int \frac{\mathrm{d}x}{2x-3}$.

解 $\displaystyle\int \frac{\mathrm{d}x}{2x-3} = \frac{1}{2}\int \frac{\mathrm{d}(2x-3)}{2x-3} = \frac{1}{2}\ln|2x-3| + C.$

能力训练 8 – 3 – 6 求 $\displaystyle\int \frac{1}{2^2+x^2}\mathrm{d}x$

解 $\displaystyle\int \frac{1}{2^2+x^2}\mathrm{d}x = \frac{1}{2^2}\int \frac{1}{1+\left(\frac{x}{2}\right)^2}\mathrm{d}x = \frac{1}{2}\int \frac{1}{1+\left(\frac{x}{2}\right)^2}\mathrm{d}\left(\frac{x}{2}\right) = \frac{1}{2}\arctan \frac{x}{2} + C.$

类似地，可以得到 $\displaystyle\int \frac{1}{a^2+x^2}\mathrm{d}x = \frac{1}{a}\arctan \frac{x}{a} + C.$

能力训练 8 – 3 – 7 求 $\displaystyle\int \tan x\mathrm{d}x$.

解 $\displaystyle\int \tan x\mathrm{d}x = \int \frac{\sin x}{\cos x}\mathrm{d}x = -\int \frac{1}{\cos x}\mathrm{d}(\cos x) = -\ln|\cos x| + C.$

即

$$\int \tan x\mathrm{d}x = -\ln|\cos x| + C.$$

类似地，可以得到 $\displaystyle\int \cot x\mathrm{d}x = \ln|\sin x| + C.$

能力训练 8 – 3 – 8 求 $\displaystyle\int \cos^2 x\mathrm{d}x$.

解 $\displaystyle\int \sin^2 x\mathrm{d}x = \frac{1}{2}\int (1-\cos 2x)\mathrm{d}x = \frac{1}{2}\int \mathrm{d}x - \frac{1}{2}\int \cos 2x\mathrm{d}x$

$$= \frac{1}{2}x - \frac{1}{4}\int \cos 2x\mathrm{d}(2x) = \frac{1}{2}x - \frac{1}{4}\sin 2x + C$$

有一些不定积分的结果，以后在求其他积分时常会用到，可作为积分公式使用，现列出如下.

(1) $\displaystyle\int \tan x\mathrm{d}x = -\ln|\cos x| + C$;　　(2) $\displaystyle\int \cot x\mathrm{d}x = \ln|\sin x| + C$;

(3) $\displaystyle\int \frac{1}{a^2+x^2}\mathrm{d}x = \frac{1}{a}\arctan \frac{x}{a} + C$;　　(4) $\displaystyle\int \frac{1}{a^2-x^2}\mathrm{d}x = \frac{1}{2a}\ln\left|\frac{a+x}{a-x}\right| + C.$

知识点2：定积分换元法

定积分换元定理 设 $f(x)$ 在区间 $[a, b]$ 是初等函数，函数 $x = \varphi(t)$ 满足条件：

（1）$a = \varphi(\alpha)$，$b = \varphi(\beta)$，当 x 在 $[a, b]$ 上变化时，t 在 $[\alpha, \beta]$ 上变化；

（2）$x = \varphi(t)$ 在 $[\alpha, \beta]$ 上有连续导数，

则有

$$\int_a^b f(x)\,\mathrm{d}x = \int_\alpha^\beta f[\varphi(t)]\varphi'(t)\,\mathrm{d}t.$$

上式叫作**定积分的换元公式**.

使用定积分换元积分法时应注意：在换元的同时要换积分的上、下限.

能力训练 8 - 3 - 9 求定积分 $\int_0^2 \dfrac{\mathrm{e}^x}{1 + \mathrm{e}^x}\mathrm{d}x$.

解 $\int_0^2 \dfrac{\mathrm{e}^x}{1 + \mathrm{e}^x}\mathrm{d}x = \int_0^2 \dfrac{1}{1 + \mathrm{e}^x} \cdot \mathrm{e}^x\mathrm{d}x = \int_0^2 \dfrac{1}{1 + \mathrm{e}^x}\mathrm{d}(1 + \mathrm{e}^x)$

$$= \ln(1 + \mathrm{e}^x) \Big|_0^2 = \ln(1 + \mathrm{e}^2) - \ln 2.$$

能力训练 8 - 3 - 10 求定积分 $\int_0^{\frac{\pi}{2}} \cos^2 x \sin x\,\mathrm{d}x$.

解 $\int_0^{\frac{\pi}{2}} \cos^2 x \sin x\,\mathrm{d}x = \int_0^{\frac{\pi}{2}} \cos^2 x\,\mathrm{d}(-\cos x) = -\dfrac{\cos^3 x}{3}\bigg|_0^{\frac{\pi}{2}} = \dfrac{1}{3}$.

三、专业（或实际）应用案例

案例 8 - 3 - 1 ［电热能及交流电有效值的计算问题］在日常生活中，人们所说的 220 V 的电压，事实上是指交流电压的有效值为 220 V. 目前，我国交流电气设备铭牌上所标的电流、电压，以及一般交流电压表、交流电流表上显示的测量值都是有效值. 为什么交流量需要"有效值"这样的概念来表达呢？这是因为交流量不同于直流量，直流量是始终不变的，而交流量的大小和方向是以时间为自变量，按照正弦规律周期变化的，它有无数"瞬时值". 怎样衡量或比较这种此一时彼一时、不断变化的交流量呢？

例如，某交流电流 $i = 5\sin(\omega t - 30°)$ 的有效值是多少呢？在高中物理或现在的电工学中，可以知道其有效值等于最大值除以 $\sqrt{2}$.

正弦量的有效值为什么恰好等于最大值除以 $\sqrt{2}$？或者说，为什么正弦量的最大值

等于有效值的√2倍?

以交流电发挥的"作用"来衡量,对交流电和直流电在同一段时间内的能量转换"效应"进行比较,产生了交流电的有效值的概念:设一个交流电流和一个直流电流分别作用于同一个电阻 R(电阻值相等),如果在交流电流一个周期的时间内,两者产生的热电(能)相等,那么,这个直流电流(的大小)就称为该交流电的有效值.

解 首先计算交流电流经过电阻 R 在一个周期时间 T 内产生的热量(能)

$$W_1 = \int_0^T Ri^2 \mathrm{d}t = R\int_0^T i^2 \mathrm{d}t = 25R\int_0^T \sin^2 \omega t \mathrm{d}t,$$

然后考虑直流电流经过电阻 R 在一个周期时间 T 内产生的热量(能)

$$W_2 = RI^2 T,$$

按照有效值的定义,两者产生的热量(能)相等,即 $W_2 = RI^2 T$,于是得到方程

$$RI^2 T = 25R\int_0^T \sin^2 \omega t \mathrm{d}t.$$

利用定积分的换元法即可求出交流电流 $i = 5\sin \omega t$ 的有效值为

$$I = \sqrt{\frac{25}{T}\int_0^T \sin^2 \omega t \mathrm{d}t} = \sqrt{\frac{25}{T}\int_0^T \frac{1-\cos 2\omega t}{2}\mathrm{d}t}$$

$$= \sqrt{\frac{25}{T}\cdot\frac{1}{2}\left(t - \frac{1}{2}\sin 2\omega t\right)\Big|_0^T} = \sqrt{\frac{25}{T}\cdot\frac{1}{2}\left(T - \frac{1}{2}\sin 2\omega T\right)}$$

$$= \sqrt{\frac{25}{T}\cdot\frac{1}{2}\left(T - \frac{1}{2}\sin 4\pi\right)} = \frac{5}{\sqrt{2}}.$$

小知识大哲理

有这样一个问题:"假如你面前有煤气灶、水龙头、水壶和火柴,你想烧水应当怎样去做?"普通人会说:"先在壶中放上水,然后点燃煤气,最后把水壶放到煤气灶上."如果接着追问:"如其他条件不变,只是水壶中已有了足够的水,那你会怎么做?"这时,普通人一般会很有信心地答道:"先点燃煤气,再把水壶放到煤气灶上."但是数学家不会这样回答,他们会倒掉壶中的水,并声称已把后一问题转化成先前的问题.

数学家"倒掉壶中的水"似乎多此一举,但向我们展示了数学家独特的

思维方式——转化.

换元积分法也蕴含了转化的思想，即将复杂的函数转化为简单的函数进行积分，这样问题就迎刃而解了.

我们也可以将这种思想运用到日常生活中，遇到问题时灵活处理，要学会转换角度思考.

课后能力训练 8.3

1. 在下列各等式右端的空格线上填入适当的常数，使等式成立.

(1) $\mathrm{d}x = \underline{\hspace{2cm}}\mathrm{d}(2x-1)$;

(2) $x\mathrm{d}x = \underline{\hspace{2cm}}\mathrm{d}(x^3)$;

(3) $x^2\mathrm{d}x = \underline{\hspace{2cm}}\mathrm{d}(3x^3+1)$;

(4) $\dfrac{1}{\sqrt{x}}\mathrm{d}x = \underline{\hspace{2cm}}\mathrm{d}(\sqrt{x})$;

(5) $\dfrac{1}{x^2}\mathrm{d}x = \underline{\hspace{2cm}}\mathrm{d}\left(\dfrac{2}{x}\right)$;

(6) $\mathrm{e}^{-x}\mathrm{d}x = \underline{\hspace{2cm}}\mathrm{d}(\mathrm{e}^{-x})$;

(7) $\dfrac{1}{x}\mathrm{d}x = \underline{\hspace{2cm}}\mathrm{d}(2\ln x)$;

(8) $\dfrac{1}{1+x^2}\mathrm{d}x = \underline{\hspace{2cm}}\mathrm{d}(3\arctan x)$.

2. 求下列不定积分.

(1) $\displaystyle\int (3x+2)^4\mathrm{d}x$;

(2) $\displaystyle\int \mathrm{e}^{-2x}\mathrm{d}x$;

(3) $\displaystyle\int \dfrac{1}{(2x+1)^3}\mathrm{d}x$;

(4) $\displaystyle\int \dfrac{\ln^3 x}{x}\mathrm{d}x$;

(5) $\displaystyle\int \dfrac{x}{\sqrt{3-x^2}}\mathrm{d}x$;

(6) $\displaystyle\int 2\sin x\cos x\,\mathrm{d}x$;

(7) $\displaystyle\int \dfrac{\mathrm{e}^{3x}}{1+\mathrm{e}^{3x}}\mathrm{d}x$;

(8) $\displaystyle\int 2x^2\mathrm{e}^{x^3}\mathrm{d}x$;

(9) $\displaystyle\int (3x-2)^3\mathrm{d}x$;

(10) $\displaystyle\int (5x-1)^2\mathrm{d}x$;

(11) $\displaystyle\int \dfrac{2\cos x}{1+\sin^2 x}\mathrm{d}x$;

(12) $\displaystyle\int \cos^3 x\,\mathrm{d}x$.

3. 求下列定积分.

(1) $\displaystyle\int_0^2 (2x-1)^5\mathrm{d}x$;

(2) $\displaystyle\int_{-e-1}^{-2} \dfrac{\mathrm{d}x}{1+x}$;

$(3) \int_0^{\frac{\pi}{3}} \sin\left(x + \frac{\pi}{3}\right) \mathrm{d}x;$

$(4) \int_1^e \frac{\ln x}{x} \mathrm{d}x;$

$(5) \int_0^{\frac{\pi}{4}} \sin^2 x \cos x \mathrm{d}x;$

$(6) \int_1^2 (2x + 1)^2 \mathrm{d}x;$

$(7) \int_0^{\frac{\pi}{2}} \cos^3 x \sin x \mathrm{d}x;$

$(8) \int_0^1 (3x - 2)^3 \mathrm{d}x.$

8.4 分部积分法

一、学习目标

能力目标：能够掌握纯电阻电路和非纯电阻电路电功的区别，并使用定积分求解电路所做的电功.

知识目标：掌握不定积分的分部积分法；理解定积分的分部积分法.

二、知识链接

知识点：分部积分法

对于某些不定积分，用换元积分法仍然无法求解，如：$\int x\cos x\mathrm{d}x, \int xe^x\mathrm{d}x, \int \ln x\mathrm{d}x$ 等. 为此，介绍一种新的求积分的方法——分部积分法.

设函数 $u = u(x)$，$v = v(x)$ 均可微，根据两个函数乘积的微分法则，有

$$\mathrm{d}(uv) = v\mathrm{d}u + u\mathrm{d}v,$$

移项得

$$u\mathrm{d}v = \mathrm{d}(uv) - v\mathrm{d}u,$$

两边积分得

$$\int u\mathrm{d}v = \int \mathrm{d}(uv) - \int v\mathrm{d}u = uv - \int v\mathrm{d}u,$$

即

$$\int u\mathrm{d}v = uv - \int v\mathrm{d}u.$$

上式称为不定积分的分部积分公式.

根据不定积分的分部积分公式可得

$$\int_a^b u \mathrm{d}v = (uv)\,\Big|_a^b - \int_a^b v \mathrm{d}u.$$

这就是定积分的分部积分公式.

能力训练 8 – 4 – 1 求 $\int x\mathrm{e}^x \mathrm{d}x$.

解 $\int x\mathrm{e}^x \mathrm{d}x = \int x \mathrm{d}(\mathrm{e}^x) = x\mathrm{e}^x - \int \mathrm{e}^x \mathrm{d}x = x\mathrm{e}^x - \mathrm{e}^x + C = \mathrm{e}^x(x-1) + C.$

能力训练 8 – 4 – 1 是选取 $u = x$, $\mathrm{d}v = \mathrm{e}^x \mathrm{d}x$ 来算出结果.

如果选取 $u = \mathrm{e}^x$, $\mathrm{d}v = x\mathrm{d}x$, 则

$$\int x\mathrm{e}^x \mathrm{d}x = \int \mathrm{e}^x \mathrm{d}\left(\frac{x^2}{2}\right) = \frac{1}{2}x^2\mathrm{e}^x - \int \frac{1}{2}x^2 \mathrm{e}^x \mathrm{d}x,$$

上式右边的积分 $\int \frac{1}{2}x^2 \mathrm{e}^x \mathrm{d}x$ 比左边的积分 $\int x\mathrm{e}^x \mathrm{d}x$ 更复杂. 可见, u 和 $\mathrm{d}v$ 的选择不当将直接影响积分的计算.

因此, 在用分部积分法求积分时, 关键是在于恰当地选取 u 和 $\mathrm{d}v$, 选取 u 和 $\mathrm{d}v$ 一般要考虑以下两点.

(1) v 要容易求得.

(2) $\int v \mathrm{d}u$ 要比 $\int u \mathrm{d}v$ 容易积出.

能力训练 8 – 4 – 2 求 $\int x\sin x\mathrm{d}x$.

解 $\int x\sin x\mathrm{d}x = \int x\mathrm{d}(-\cos x) = -x\cos x + \int \cos x\mathrm{d}x = -x\cos x + \sin x + C.$

由能力训练 8 – 4 – 1、8 – 4 – 2 可知, 下列类型的不定积分 $\int x^n\mathrm{e}^{ax}\mathrm{d}x, \int x^n\sin ax\mathrm{d}x,$

$\int x^n\cos ax\mathrm{d}x$ 可以采用分部积分法, 并且选取 $u = x^n$, 其中 n 是正整数.

能力训练 8 – 4 – 3 求 $\int x\ln x\mathrm{d}x$.

解 $\int x\ln x\mathrm{d}x = \frac{1}{2}\int \ln x\mathrm{d}(x^2) = \frac{1}{2}\left[x^2\ln x - \int x^2\mathrm{d}(\ln x)\right]$

$$= \frac{1}{2}\left[x^2\ln x - \int x^2 \cdot \frac{1}{x}\mathrm{d}x\right] = \frac{x^2}{2}\ln x - \frac{x^2}{4} + C.$$

能力训练 8 – 4 – 4　求 $\int_1^e \ln x \mathrm{d}x$.

解　$\int_1^e \ln x \mathrm{d}x = (x\ln x)\,\big|_1^e - \int_1^e x\mathrm{d}\ln x = e - \int_1^e x \cdot \frac{1}{x}\mathrm{d}x = e - \int_1^e \mathrm{d}x = e - (e-1) = 1.$

三、专业（或实际）应用案例

案例 8 – 4 – 1　[电流所做电功的计算问题] 在纯电阻电路中，电流所做的功全部转化为热能，所以在纯电阻电路中电流所做的功，即电功可以使用如下公式求出：

$$W = UIt = Q = I^2 Rt.$$

在非纯电阻电路中，比如电路中有电风扇、电解槽等元件时，电功除了转化为电路中消耗的热能外，还有部分转化为机械能和化学能．电功只能使用如下公式求出：

$$W = UIt.$$

现有一非纯电阻电路，电路中的总电压为 $U(t)$，总电阻 $R=2$，总电流为 $I(t)$．从 $t=0$ 时刻起，到 $t=1$ s 时刻终止，这段时间内，总电压 $U(t)$ 呈指数增长，即 $U(t) = e^t$，而总电流 $I(t)$ 满足余弦变换，即 $I(t) = \cos t$，求这段时间内电流所做的功．

解　电流做功与时间有关，本案例中电流和电压不断发生变化，不能够直接使用中学所学过的电流做功的公式．为此，采用微元法的思想，在比较小的时间段里，电流和电压均可认为大小不发生变化，可使用公式 $W = UI\Delta t$，对时间进行累加求和可得到电流在该时间段里所做的总功，根据定积分的定义，该和即关于时间 t 的定积分．

根据定积分的定义和电流做功的特点，可得出电功的公式为

$$W = \int_0^1 e^t \cos t \mathrm{d}t.$$

其对应的不定积分为

$$\int e^t \cos t \mathrm{d}t = \int \cos t \mathrm{d}(e^t) = e^t \cos t - \int e^t \mathrm{d}(\cos t)$$

$$= e^t \cos t + \int e^t \sin t \mathrm{d}t$$

$$= e^t \cos t + \int \sin t \mathrm{d}(e^t)$$

$$= e^t \cos t + e^t \sin t - \int e^t \mathrm{d}(\sin t)$$

$$= e^t \cos t + e^t \sin t - \int e^t \cos t \mathrm{d}t,$$

移项后得

$$2\int e^t \cos t\,\mathrm{d}t = e^t \cos t + e^t \sin t + C_1,$$

故

$$\int e^t \cos t\,\mathrm{d}t = \frac{1}{2}e^t(\cos t + \sin t) + C.$$

因此，从时刻 $t=0$ 到 $t=1$ 这段时间内，电流所做的电功为

$$W = \frac{1}{2}e^t(\cos t + \sin t)\bigg|_0^1 = \frac{1}{2}e(\cos 1 + \sin 1) - \frac{1}{2}.$$

课后能力训练 8.4

1. 求下列不定积分.

（1）$\int 3xe^x\mathrm{d}x$；

（2）$\int x^2 \sin x\,\mathrm{d}x$；

（3）$\int x^2 e^x\mathrm{d}x$；

（4）$\int x^2 \cos x\,\mathrm{d}x$；

（5）$\int x\cos x\,\mathrm{d}x$；

（6）$\int x^3 \ln x\,\mathrm{d}x$.

2. 求下列定积分.

（1）$\int_0^{\frac{\pi}{2}} x\cos x\,\mathrm{d}x$；

（2）$\int_1^e x^2 \ln x\,\mathrm{d}x$.

8.5　定积分应用

一、学习目标

能力目标：能够利用定积分计算平面图形的面积.

知识目标：理解积分的微元法思想；了解求平面几何图形面积的公式.

二、知识链接

知识点1：微元法

在解决实际问题时，常采用"**微元法**"．为了说明这种方法，先回顾求由曲线

$y = f(x)$ 及直线 $x = a$，$x = b$，$y = 0$ 所围成的曲边梯形面积 A 的方法与步骤，即"分割—近似代替—求和—取极限".

第一步：分割，将所求的整体量 A 分割成部分量 ΔA 之和，即

$$A = \sum_{i=1}^{n} \Delta A_i.$$

第二步：近似代替，求出部分量 ΔA 的近似代替，即

$$\Delta A_i \approx f(\xi_i) \Delta x_i \quad (i = 1, 2, \cdots, n).$$

第三步：求和，将近似的各部分量加起来，得到整体量 A 的近似值，即

$$A = \sum_{i=1}^{n} \Delta A_i \approx \sum_{i=1}^{n} f(\xi_i) \Delta x_i.$$

第四步：取极限，取 $\lambda = \max\{\Delta x_i\} \to 0$ 时的极限，即

$$A = \lim_{\lambda \to 0} \sum_{i=1}^{n} f(\xi_i) \Delta x_i = \int_a^b f(x)\,\mathrm{d}x.$$

为了便于应用，将上述四步简化为两步.

（1）在区间 $[a, b]$ 上任取一个小区间 $[x, x + \mathrm{d}x]$，写出在这个小区间上部分量 ΔA 的近似值，记为 $\mathrm{d}A = f(x)\,\mathrm{d}x$（称为整体量 A 的微元），如图 8–10 所示.

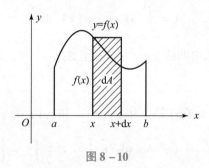

图 8–10

（2）将微元 $\mathrm{d}A$ 在区间 $[a, b]$ 上积分，即得 $A = \int_a^b \mathrm{d}A = \int_a^b f(x)\,\mathrm{d}x$.

这种方法称为定积分的**微元法**. 微元法在几何、物理及其他方面有许多应用.

知识点 2：定积分的几何应用

求由连续曲线 $y = f(x)$，直线 $x = a$，$x = b (a < b)$ 和 x 轴所围成的曲边梯形的面积.

由定积分的几何意义知：

$$A = \int_a^b f(x)\,\mathrm{d}x (f(x) \geqslant 0)，\text{或} A = -\int_a^b f(x)\,\mathrm{d}x (f(x) \leqslant 0).$$

用定积分的微元法可以计算一些比较复杂的图形的面积

求由上、下两条曲线 $y = f(x)$ 与 $y = g(x)$ 及直线 $x = a$，$x = b(a < b)$ 所围成的图形面积（图 8 – 11、图 8 – 12）.

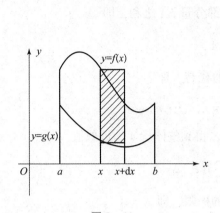 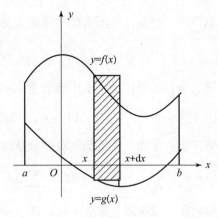

图 8 – 11　　　　　　　　　　　　　图 8 – 12

选取 x 为积分变量，则积分区间为 $[a, b]$，在 $[a, b]$ 内任取一个小区间 $[x, x + \mathrm{d}x]$，它所对应的窄条面积近似等于以 $f(x) - g(x)$ 为高、以 $\mathrm{d}x$ 为底的矩形的面积，即面积微元为

$$\mathrm{d}A = [f(x) - g(x)]\mathrm{d}x,$$

故所求图形的面积为

$$A = \int_a^b [f(x) - g(x)]\mathrm{d}x.$$

能力训练 8 – 5 – 1　求由曲线 $y = x^2 - x$ 和直线 $x = -1$，$x = 1$ 以及 x 轴所围成的平面图形的面积.

解　曲线 $y = x^2 - x$ 与 x 轴的交点为 $(0, 0)$ 和 $(1, 0)$，所求面积为

$$A = \int_{-1}^0 (x^2 - x)\mathrm{d}x - \int_0^1 (x^2 - x)\mathrm{d}x = \left[\frac{x^3}{3} - \frac{x^2}{2}\right]_{-1}^0 - \left[\frac{x^3}{3} - \frac{x^2}{2}\right]_0^1 = -1.$$

能力训练 8 – 5 – 2　计算由抛物线 $y^2 = 2x$ 与直线 $y = x - 4$ 所围成的图形的面积.

解　解方程组 $\begin{cases} y = x - 4 \\ y^2 = 2x \end{cases}$，可知两线交点为 $(2, -2)$ 和 $(8, 4)$.

取 x 为积分变量，则积分区间为 $[0, 8]$，所求面积为

$$A = 2\int_0^2 \sqrt{2x}\mathrm{d}x + \int_2^8 \left[\sqrt{2x} - (x - 4)\right]\mathrm{d}x$$

$$= \frac{4\sqrt{2}}{3} x^{\frac{3}{2}} \Big|_0^2 + \left[\frac{2\sqrt{2}}{3} x^{\frac{3}{2}} - \frac{1}{2}x^2 + 4x\right]_2^8$$

$$= 18.$$

知识点 3：定积分在工程中的应用

[变力所做的功] 如果物体在做直线运动的过程中有一个不变的力 F 作用在这个物体上，且该力的方向与物体的运动方向一致，那么，当物体由 a 点移动到 b 点时，常力 F 所做的功为

$$W = F \cdot (b - a).$$

如图 8-13 所示，当 $F(x)$ 表示变力时，$F(x)\mathrm{d}x$ 则表示物体在变力 $F(x)$ 的作用下移动微小距离 $\mathrm{d}x$ 所做的功，即功微元为 $\mathrm{d}W = F(x)\mathrm{d}x$，因此，物体在变力 $F(x)$ 的作用下由点 $x=a$ 移动到点 $x=b$ 所做的功为 $W = \int_a^b F(x)\mathrm{d}x$.

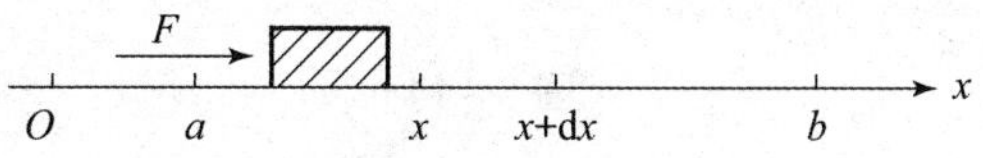

图 8-13

能力训练 8-5-3　把一个带电量为 $+Q$ 的点电荷放在 r 轴的原点 O 处，它产生一个电场，对周围的电荷产生作用力. 现有单位正电荷 q 在电场中从 a 处沿 r 轴移动到 b 处（$a \leq b$），求电场力 F 所做的功.

解　由电磁学知识可以知道，单位电荷 $q(q=1)$ 在电场中受到的电场力为

$$F = k \frac{Q \cdot q}{r^2} = k \frac{Q}{r^2}.$$

取 r 为积分变量，功微元为

$$\mathrm{d}W = k \cdot \frac{Q}{r^2} \mathrm{d}r,$$

于是所求的功为

$$W = k \int_a^b \frac{Q}{r^2} \mathrm{d}r = \frac{-kQ}{r} \Big|_a^b = kQ \left(\frac{1}{a} - \frac{1}{b} \right).$$

三、专业（或实际）应用案例

案例 8-5-1　[定积分在工程中的应用问题] 直线与直线相交出的平面图形，一般为三角形或者四边形，在求所围成的图形的面积时，可以使用三角形或四边形的面积公式. 那么应该怎样求二次曲线围成的图形的面积呢？在机械工程中，要制造一个

机械零件，其横截面是由曲线 $y = x^2$ 和 $y^2 = x$ 所围成的（图8-14），计算该零件横截面的面积.

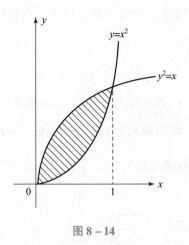

图 8 - 14

解 由定积分的几何意义知，平面图形的面积可以表示成定积分. 本案例转化为定积分的计算，而积分区间的确定取决于曲线的交点坐标.

解方程组 $\begin{cases} y = x^2 \\ y^2 = x \end{cases}$，可知两曲线交点为 (0，0) 和 (1，1)，如图8-14所示，取 x 为积分变量，积分区间为 $[0,1]$，所求面积为

$$A = \int_0^1 (\sqrt{x} - x^2)\,\mathrm{d}x = \left[\frac{2}{3}x^{\frac{3}{2}} - \frac{x^3}{3}\right]_0^1 = \frac{1}{3}.$$

小知识大哲理

定积分有很高的应用价值，应用微元法解决实际问题是一项重要的技能. 把一段曲线弧的长度用直线段近似地代替，从而得到弧微元，这种局部"以直代曲"的方法，体现了微积分曲直的辩证关系：从简单到复杂，在看似对立的要素中找到转化的途径. 我国古代儒家思想中有"外圆内方"的处世哲学，"方做人，圆处事"是指做人做事既要明辨是非、正直勇敢，又要机智变通、灵活老练，要以正确的人生观、积极的人生态度，实现自己的人生价值.

课后能力训练 8.5

1. 求下列各图中阴影部分的面积（图 8 – 15）.

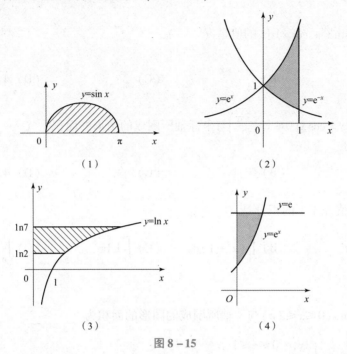

（1）

（2）

（3）

（4）

图 8 – 15

2. 求由下列曲线所围成的图形的面积.

（1）求由曲线 $y = e^x$，$y = x^2$ 与直线 $x = 0$，$x = 1$ 所围成的图形的面积；

（2）求由曲线 $y = \sqrt{x}$ 与 $y = x^2$ 所围成的图形的面积；

（3）求由曲线 $y = \dfrac{1}{x}$ 与直线 $y = x$，$x = 2$ 所围成的图形的面积；

（4）求由抛物线 $y = x^2$ 与直线 $y = x + 3$ 所围成的图形的面积；

（5）求由抛物线 $y^2 = x$ 及直线 $y = 2 - x$ 所围成图形的面积.

3. 已知每拉长弹簧 0.02 m 要用 9.8 N 的力，如果把弹簧由原长拉伸 5 cm，计算所做的功.

4. 设有一长为 100 m、宽为 50 m、深为 4 m 的长方形鱼塘，塘内贮满水，若要把水抽尽，需做多少功？

5. 将一边长为 3 m 的正方形薄板垂直放入水中，使该薄板的上边与水面齐平. 试求该薄板的一侧所受的水的压力.

综合能力训练 8

1. 选择题.

(1) $\int_{-\frac{\pi}{2}}^{\frac{\pi}{2}} (\sin x + \cos x) \, \mathrm{d}x$ 的值是 （   ）.

(A) 0 　　　　　　 (B) $\frac{\pi}{4}$ 　　　　　 (C) 2 　　　　　 (D) 4

(2) 曲线 $y = \cos x \left(0 \leqslant x \leqslant \frac{3\pi}{2}\right)$ 与坐标轴所围成的图形的面积是 （   ）.

(A) 2 　　　　　 (B) 3 　　　　　 (C) $\frac{5}{2}$ 　　　　　 (D) 4

(3) 下列值等于 1 的积分是 （   ）.

(A) $\int_0^1 x \, \mathrm{d}x$ 　　　 (B) $\int_0^1 (x+1) \, \mathrm{d}x$ 　　 (C) $\int_0^1 1 \, \mathrm{d}x$ 　　　 (D) $\int_0^1 \frac{1}{2} \, \mathrm{d}x$

2. 填空题.

(1) $y = \sin x \,(0 \leqslant x \leqslant 2\pi)$ 与 x 轴所围成的图形的面积为 _____.

(2) 设 $f(x) = \begin{cases} 2x, & 0 \leqslant x \leqslant 1 \\ 5, & 1 < x \leqslant 2 \end{cases}$, 求 $\int_0^2 f(x) \, \mathrm{d}x = $ _____.

(3) 若 $\int_0^1 (2x + k) \, \mathrm{d}x = 2$, 则 $k = $ _____.

(4) 已知函数 $f(x) = 3x^2 + 2x + 1$, 若 $\int_{-1}^1 f(x) \, \mathrm{d}x = 2f(a)$ 成立, 则 $a = $ _____.

3. 计算下列积分.

(1) $\int_0^2 (2x + 5) \, \mathrm{d}x$; 　　　　　　　 (2) $\int_0^1 (\sqrt{x} - x) \, \mathrm{d}x$;

(3) $\int (3x + 2)^3 \, \mathrm{d}x$; 　　　　　　 (4) $\int_0^{\frac{\pi}{2}} (3x^2 + \sin x) \, \mathrm{d}x$;

(5) $\int x \mathrm{e}^{3x} \, \mathrm{d}x$; 　　　　　　　 (6) $\int_2^{\mathrm{e}} \frac{\ln^3 x}{x} \, \mathrm{d}x$.

4. 求由曲线 $y = \sin x$, $y = \cos x$ 及直线 $x = 0$, $x = \frac{\pi}{2}$ 所围成的图形的面积.

5. 设有一直径为 10 m 的半球形水池, 池内贮满水, 若要把水抽尽, 问至少需要做多少功？

6. 一梯形大坝高 10 m，顶宽 40 m，底宽 20 m，如果水平面离坝顶 4 m，求大坝承受的压力.

数学文化阅读与欣赏

—— 牛顿与莱布尼茨

一、牛顿

1643 年 1 月 25 日，牛顿出生在英国林肯郡的一个普通农民家庭. 牛顿出生不到 3 个月他的父亲就去世了，他的母亲在他 3 岁时改嫁并住进了新丈夫家，把牛顿寄养在贫穷的外祖母家.

1648 年，牛顿被送去上学. 少年时的牛顿并不是神童，他成绩一般，但他喜欢读书，经常看一些介绍机械模型设计的读物，并从中受到启发，自己动手制作了风车、木钟等玩具.

上中学后，牛顿越发爱好读书，喜欢沉思，热衷于做科学小实验，成绩也很出众. 后来，迫于生活压力，牛顿的母亲让他停学在家务农，缓解家庭经济压力，但牛顿一有机会便埋首书卷. 每次母亲让他同佣人一起去市场做生意时，他便恳请佣人一个人上街，自己躲在树丛后看书.

后来，牛顿的舅父和牛顿曾经所在中学的校长说服牛顿的母亲让牛顿复学. 牛顿复学后以优异的成绩考入剑桥大学三一学院，开始了苦读生涯. 大学期间，牛顿自己做实验并研读了大量的自然科学著作，包括笛卡儿的《哲学原理》、伽利略的《星际使者》和《关于两种世界体系的对话》、开普勒的《折光学》等.

1665 年夏天，英国爆发鼠疫，剑桥大学暂时关闭. 刚刚获得学士学位、准备留校任教的牛顿被迫离校，并到他母亲的农场住了一年. 这一年被称为"奇迹年"，因为牛顿对三大运动定律、万有引力定律和光学的研究都开始于这一年. 在研究这些问题的过程中，牛顿发现了被他称为"流数术"的微积分.

在牛顿的全部科学贡献中，数学成就占有突出的地位，其中微积分的创建是牛顿最卓越的数学成果. 在牛顿创建微积分之前，人们就微积分所处理的一些具体问题（如切线问题、求和问题、瞬时速度问题和函数最值问题等）进行了研究，但人们通常把微分和积分作为两种数学运算、两类数学问题分开研究的．后来，牛顿在前人的基础上，站在更高的角度，将微分和积分联系起来，并确立了这两类运算的互逆关系，从而完成了微积分发明中的最后一步，也是最关键的一步．

二、莱布尼茨

1646 年 7 月 1 日，莱布尼茨出生在德国莱比锡的一个书香门第的家庭，其父亲是莱比锡大学的哲学教授，在莱布尼茨 6 岁时去世，留下了一个私人的图书馆，莱布尼茨自幼聪慧好学，在童年时代便阅读了他父亲的藏书．

莱布尼茨一生涉猎十分广泛，包括政治学、法学、伦理学、哲学、逻辑学、生物学、医学、地质学、心理学、历史学、语言学和信息科学等，他在每个研究领域都取得了许多人一辈子都完不成的成就，他是历史上少有的通才，被誉为"17 世纪的亚里士多德"．

在数学上，莱布尼茨也创建了微积分，但他与牛顿研究微积分的途径和方法是不同的．牛顿是从物理学出发，运用几何方法研究微积分，目的是解决运动问题，造诣精深；莱布尼茨则从几何问题出发，运用分析学方法引进微积分概念，得出运算法则，其数学的严密性与系统性高于牛顿．

关于微积分创建的优先权，在数学史上曾掀起一场激烈的争论．"自尊心很强"的英国坚持使用牛顿的微积分符号，拒绝使用更合理的莱布尼茨的微积分符号，导致英国的数学脱离了数学发展的时代潮流．

实际上，牛顿在微积分方面的研究早于莱布尼茨，但莱布尼茨的成果发表早于牛顿．牛顿于 1666 年写过几篇关于"流数术"的文章，但他并没有公开发表，这些文章只是在一些英国科学家中流传，直到 1704 年，牛顿才在其光学著作的附录中首次完整地发表了"流数术"．莱布尼茨于 1675 年发现了微积分，但当时没有发表相关的文章，直到 1684 年，莱布尼茨才正式发表了他对微分的研究文章，两年后，他又发表了有关积分的研究文章．后来，人们公认牛顿和莱布尼茨均各自独立地创建了微积分．但是，莱布尼茨创建的微积分符号远远优于牛顿创建的微积分符号，并一直沿用至今．

第9章　开阔视野篇:任正非——华为5G与数学

面对美国制裁逆风飞翔的华为公司（以下简称"华为"）已经成了中美贸易战中"国货当自强"的一面旗帜，那么究竟是什么使华为有如此实力和底气与美国的科技巨头们在合作中竞争？无论是鸿蒙系统还是麒麟芯片，都只能算作"皮毛"，而其核心恰如华为的掌舵人任正非先生（图9－1）所言："我们真正的突破是数学，手机、系统设备是以数学为中心的."

图 9－1

本章以汤涛院士的演讲为基础，深入浅出地总结了数学加持华为并成就其宏图伟业的内在逻辑关系. 数学造就了华为的伟大，而且无疑将造就更多伟大……

2019 年 4 月 13 日，汤涛院士（中国科学院院士，北京大学数学学士，英国利兹大学博士；图 9－2）在深圳南山区深圳人才公园做了题为"数学推动现代科技——从华为重视数学谈起"的公众演讲（图 9－3）. 一个月后的 5 月 15 日，美国总统特朗普签署行政命令，将华为加入"出口禁运"实体清单（即美国企业需要获得特别许可才能向华为出口软/硬件产品）. 美国总统公开封杀华为，使华为更放异彩. 华为掌舵人任正非先生 2012 年与实验室专家座谈时讲的名言"我认为用物理方法来解决问题已趋近饱和，要重视数学方法的突

图 9－2

起"重新被人们热议. 他在另一个场合公开表示"其实我们真正的突破是数学，手机、系统设备是以数学为中心的"，道出了华为成功的一个秘诀，那就是重视数学的应用！

有位国企的老板问任正非，华为为什么只用 20 多年就成长为国际化企业？是不是靠低价战略？任正非说你错了，我们所实施的是高价战略. 对方又问，那你凭什么打进欧洲？任正非回答是：**靠技术领先和产品领先，重要因素之一就是数学研究在产品研发中起到的重要作用**.

图 9 - 3

通过华为这些年的做法，可以看出此言非虚.

1999 年，华为在俄罗斯建立了算法研究所，招聘了数十名顶级的数学家.

2008 年，华为和土耳其数学家**埃达尔·阿勒坎**（Erdal Arikan）进行了富有成效的合作（图 9 - 4，任正非与阿勒坎）.

2016 年，华为宣布在法国设立数学研究所.

2017 年，华为与西安交通大学签约共建"数学与信息技术联合研究中心"（图 9 - 5，右为徐宗本院士）.

图 9 - 4

图 9 - 5

事实上**华为多年来持续在数学上投资**，从 1995 年起，华为就一直在招聘数学相关的博士和专家，每年都从各大院校招聘一批运筹学、控制论、数理统计、概率论、计算数学方面的博士，从事分布式计算、密码学、网络安全、数据库、通信协议算法、通信网络优化等方向的高精尖工作，待遇也明显高于普通员工．1999 年，华为**在俄罗斯建立了专门的算法研究所**，招聘了数十名全球顶级的数学家，创造性地用非线性数学多维空间逆函数解决了 GSM 多载波干扰问题，使华为在全球第一个实现了 GSM 多载波合并，进而实现了 2G、3G、LTE 的单基站 single RAN 设计．2016 年，华为宣布其**法国数学研究所**成立，这是继俄罗斯的算法研究所之后华为在全球设立的第二个数学研究所，成员超 80 人，全部为拥有博士学位的中高级研究人员．

华为非常聪明地采用全球数学力量，有效地和俄罗斯、法国、土耳其数学家合作，利用 20 年时间，打造了一个含金量极高的科技公司．

华为和数学结合最精彩的一笔是和土耳其数学家阿勒坎的合作．阿勒坎于 1958 年出生在土耳其首都安卡拉，于 1981 年获得加州理工学院本科学位，于 1985 年获得麻省理工学院电子信息工程专业的博士学位．博士毕业后，阿勒坎在美国短暂工作一两年后回到故乡土耳其的毕尔肯大学工作．在这里，阿勒坎十年磨一剑，终于在 2008 年大功告成，发表了主要用于 **5G 通信编码的极化码**（polar code）技术方案．他于 2008 年发表在 IEEE 期刊上的文章一共 20 多页，均独立完成．这篇文章发表后，就被华为的科学家们注意到了，他们评估了阿勒坎的论文，敏锐地意识到这篇论文至关重要，感觉其中的技术可以用于 5G 编码.

阿勒坎教授的论文发表两个月后，华为就开始以它为中心研究各种专利，逐步分解，投入了数千人和大量科研资金促进研发. 10 年间，华为把土耳其数学家的数学论文变成技术和标准，积极和阿勒坎教授团队合作，出资支持他的实验室，助其扩大研究团队，拥有更多的博士生、博士后. 这一切努力的结果是，华为拥有了世界上超过四分之一的 5G 专利，雄踞世界第一.

从 2010 年起，华为投入巨额资源研发极化码的落地应用，终于在 2016 年 11 月使之成为 5G 控制信道编码方案，这也是中国厂商第一次在国际移动通信标准制定中掌握技术方面的话语权.

——摘自数学经纬网《数学文化》期刊中的文章《华为 5G 与数学》（作者：汤涛）

附录　常用的基本初等函数的图像和性质

函数	定义域与值域	图像	特性
$y = x$	$x \in (-\infty, +\infty)$ $y \in (-\infty, +\infty)$		奇函数 单调增加
$y = x^2$	$x \in (-\infty, +\infty)$ $y \in [0, +\infty)$		偶函数 在$(-\infty, 0)$内单调减少 在$(0, +\infty)$内单调增加
$y = x^3$	$x \in (-\infty, +\infty)$ $y \in (-\infty, +\infty)$		奇函数 单调增加
$y = \dfrac{1}{x}$	$x \in (-\infty, 0)$ $\cup (0, +\infty)$ $y \in (-\infty, 0)$ $\cup (0, +\infty)$		奇函数 在$(-\infty, 0)$内单调减少 在$(0, +\infty)$内单调减少
$y = x^{\frac{1}{2}}$	$x \in [0, +\infty)$ $y \in [0, +\infty)$		单调增加

续表

函数	定义域与值域	图像	特性
$y = a^x (a > 1)$	$x \in (-\infty, +\infty)$ $y \in (0, +\infty)$		单调增加
$y = a^x$ $(0 < a < 1)$	$x \in (-\infty, +\infty)$ $y \in (0, +\infty)$		单调减少
$y = \log_a x \ (a > 1)$	$x \in (0, +\infty)$ $y \in (-\infty, +\infty)$		单调增加
$y = \log_a x$ $(0 < a < 1)$	$x \in (0, +\infty)$ $y \in (-\infty, +\infty)$		单调减少
$y = \sin x$	$x \in (-\infty, +\infty)$ $y \in [-1, 1]$		奇函数 周期为 2π 有界
$y = \cos x$	$x \in (-\infty, +\infty)$ $y \in [-1, 1]$		偶函数 周期为 2π 有界

函数	定义域与值域	图像	特性
$y = \tan x$	$x \neq k\pi + \dfrac{\pi}{2}(k \in \mathbf{Z})$ $y \in (-\infty, +\infty)$		奇函数 周期为 π
$y = \cot x$	$x \neq k\pi (k \in \mathbf{Z})$ $y \in (-\infty, +\infty)$		奇函数 周期为 π
$y = \arcsin x$	$x \in [-1, 1]$ $y \in \left[-\dfrac{\pi}{2}, \dfrac{\pi}{2}\right]$		奇函数 单调增加 有界
$y = \arccos x$	$x \in [-1, 1]$ $y \in [0, \pi]$		单调减少 有界
$y = \arctan x$	$x \in (-\infty, +\infty)$ $y \in \left(-\dfrac{\pi}{2}, \dfrac{\pi}{2}\right)$		奇函数 单调增加 有界
$y = \operatorname{arccot} x$	$x \in (-\infty, +\infty)$ $y \in (0, \pi)$		单调减少 有界

参 考 答 案

第1章　数的运算

课后能力训练1.1

1. （1）136；（2）84；（3）−245；（4）−5；（5）720；（6）290；（7）494；

（8）41；（9）273；（10）341.

2. （1）$\dfrac{13}{18}$；（2）$\dfrac{11}{21}$；（3）$\dfrac{29}{20}$；（4）$\dfrac{25}{63}$；（5）$\dfrac{2}{15}$；（6）$\dfrac{5}{12}$；（7）$\dfrac{48}{7}$；（8）$\dfrac{9}{15}$；

（9）$\dfrac{3}{4}$；（10）$\dfrac{1}{12}$；（11）$\dfrac{43}{63}$；（12）$-\dfrac{5}{24}$；（13）$\dfrac{5}{4}$；（14）$\dfrac{1}{42}$；（15）$\dfrac{10}{7}$；

（16）12.

3. （1）略；（2）略；（3）略.

第2章　线性方程组及其解法

课后能力训练2.1

1. （1）$\begin{cases} x=2 \\ y=1 \end{cases}$；（2）$\begin{cases} x=2 \\ y=-1 \end{cases}$；（3）$\begin{cases} u=\dfrac{9}{4} \\ t=\dfrac{5}{4} \end{cases}$；（4）$\begin{cases} i=1 \\ t=1 \end{cases}$；（5）$\begin{cases} R=1 \\ t=1 \end{cases}$；

（6）$\begin{cases} S=\dfrac{25}{11} \\ t=\dfrac{20}{11} \end{cases}$.

2. (1) $\begin{cases} x=2 \\ y=-3 \\ z=\dfrac{1}{2} \end{cases}$; (2) $\begin{cases} x_1=\dfrac{39}{38} \\ x_2=\dfrac{50}{57} \\ x_3=-\dfrac{185}{76} \end{cases}$; (3) $\begin{cases} x_1=5 \\ x_2=-2 \\ x_3=\dfrac{1}{3} \end{cases}$; (4) $\begin{cases} u=5 \\ i=\dfrac{1}{3} \\ t=-2 \end{cases}$.

3. 鸡 23 只, 兔 12 只.

4. $\begin{cases} i_1=-0.008\,8 \\ i_2=0.522\,1 \\ i_3=-0.531 \end{cases}$.

5. 轮船在静水中的速度为 18 km/h, 水的流速为 2 km/h.

6. 每节火车车厢与每辆汽车平均各装了 50 t 和 4 t 化肥.

7. 10 元、20 元、50 元纸币各有 8 张、2 张、2 张.

第 3 章 一元二次方程及其解法

课后能力训练 3.1

1. (1)、(3) 为一元二次方程.

2. (1) $5x^2-4x-1=0,5,-4,-1$; (2) $4x^2-81=0,4,0,-81$;

(3) $4x^2+8x-25=0,4,8,-25$; (4) $3x^2-7x+1=0,3,-7,1$.

3. $x=-1$, $x=2$ 是方程的根.

4. (1) $4x^2-25=0$; (2) $x^2-2x-100=0$; (3) $x^2-3x+1=0$.

课后能力训练 3.2

1. (1) $x_1=\dfrac{1}{6}$, $x_2=-\dfrac{1}{6}$; (2) $x_1=\dfrac{9}{2}$, $x_2=-\dfrac{9}{2}$;

(3) $x_1=0$, $x_2=-10$; (4) $x_1=1$, $x_2=-3$.

2. (1) 9, 3; (2) $\dfrac{1}{4}$, $\dfrac{1}{2}$; (3) 1, 1; (4) $\dfrac{1}{25}$, $\dfrac{1}{5}$.

3. (1) $x_1=-2$, $x_2=-8$; (2) $x_1=\dfrac{3}{2}$, $x_2=-\dfrac{1}{2}$;

(3) $x_1 = \dfrac{2}{3}\sqrt{6} - 1$, $x_2 = -\dfrac{2}{3}\sqrt{6} - 1$;   (4) $x_1 = \dfrac{1}{8} - \dfrac{\sqrt{145}}{8}$, $x_2 = \dfrac{1}{8} + \dfrac{\sqrt{145}}{8}$.

4. (1) $\Delta > 0$，方程有两个不相等的实数根；

     (2) $\Delta = 0$，方程有两个相等的实数根；

     (3) $\Delta < 0$，方程没有实数根；

     (4) $\Delta > 0$，方程有两个不相等的实数根.

5. (1) $x_1 = 3$, $x_2 = -4$;   (2) $x_1 = \dfrac{\sqrt{2} + \sqrt{3}}{2}$, $x_2 = \dfrac{\sqrt{2} - \sqrt{3}}{2}$;

     (3) $x_1 = -3$, $x_2 = 1$;   (4) $x_1 = -2 + \sqrt{6}$, $x_2 = -2 - \sqrt{6}$;

     (5) $x_1 = 0$, $x_2 = -2$;   (6) $x_1 = -\sqrt{5} + \sqrt{15}$, $x_1 = -\sqrt{5} - \sqrt{15}$.

6. (1) $x_1 = 1$, $x_2 = 2$;   (2) $x_1 = 1$, $x_2 = -\dfrac{3}{2}$;

     (3) $x_1 = 3$, $x_2 = 2$;   (4) $x_1 = \dfrac{4}{3}$, $x_2 = -1$.

7. 12 和 14.

8. 9.

9. 10.

10. 8.33%.

综合能力训练 3

1. ② ③ ⑤.

2. $5x^2 - 3x - 12 = 0$, $5x^2$, 5, $-3x$, -3, -12.

3. $m = 1$，另一个根是 1.

4. $x_1 = 1$, $x_2 = -5$.

5. $x_1 = 0$, $x_2 = \dfrac{16}{3}$.

6. $x_1 = 7$, $x_2 = -7$.

7. (1) $x_1 = -3$, $x_2 = -1$;   (2) $x_1 = \dfrac{1}{2}$, $x_2 = -4$.

8. (1) $x_1 = 5$, $x_2 = -1$;   (2) $x_1 = -\dfrac{1}{2}$, $x_2 = 3$;

（3）$x_1 = -3$，$x_2 = 5$；　　　　　　　（4）$x_1 = \dfrac{17}{5}$，$x_2 = 13$；

（5）$x_1 = x_2 = \sqrt{7}$；　　　　　　　　（6）$x_1 = -\dfrac{3}{2}$，$x_2 = 2$；

（7）$x_1 = \dfrac{7}{2} + \dfrac{\sqrt{41}}{2}$，$x_2 = \dfrac{7}{2} - \dfrac{\sqrt{41}}{2}$；　　　（8）$x_1 = \dfrac{1}{3} + \dfrac{\sqrt{13}}{3}$，$x_2 = \dfrac{1}{3} - \dfrac{\sqrt{13}}{3}$.

9. （1）$\Delta > 0$，方程有两个不相等的实数根；

　　（2）$\Delta < 0$，方程没有实数根；

　　（3）$\Delta = 0$，方程有两个相等的实数根.

10. 长 131.36 cm，宽 91.36 cm.

11. 20%.

12. 20 元.

13. 10%.

第4章　三角函数及其应用

课后能力训练 4.1

1. $\dfrac{5\sqrt{2}}{2}$，35.79°.

2. $4\sqrt{3} + 4$.

3. $\angle A = \arctan 24 = 6\,738°$，$\angle B = 90° - \angle A = 90° - 67.38° = 22.62°$.

4. $a \approx 41$ cm，$\angle C \approx 33°$，$\angle B \approx 106°$.

5. （1）0；（2）$\dfrac{\sqrt{3}}{2}$；（3）1.

6. （1）1；（2）$\dfrac{1}{2}$；（3）1.

7. $7 + \sqrt{3}$.

8. $20\sqrt{3}$.

课后能力训练 4.2

1. （1）$\dfrac{2}{3}\pi$；（2）4π；（3）π.

2. 横坐标减小为原来的 $\dfrac{1}{3}$，向左移动 $\dfrac{\pi}{4}$ 个单位，再向上增大 5 倍.

3. （1） $5(x = 2k\pi + \pi)$，$1(x = 2k\pi)$；（2） 2，-2.

4. $y = 2\sin\left(3x - \dfrac{5\pi}{9}\right)$.

5. （1） 最大值 $U_m = 311$ V，$I_m = 5\sqrt{2}$ A，有效值 $U = 220$ V，$I = 5$ A.

　　（2） 角频率为 314 rad/s，频率为 50 Hz，周期为 0.02 s.

　　（3） 初相角 $\varphi_u = -30°$，$\varphi_i = 45°$，相位差为 $-75°$.

　　（4） 略.

6. （1） 10，50，0°；（2） 50，50，30°；（3） 4，$\dfrac{10}{\pi}$，$-30°$；

　　（4） $4\sqrt{2}$，$\dfrac{10}{\pi}$，$-45°$，波形图略.

7. $u = 220\sqrt{2}\sin(314t + 50°)$ V.

8. 60°，$10\sqrt{3}$.

综合能力训练 4

1. B　2. B　3. B　4. B　5. A　6. B

7. 90°.　　8. $\sqrt{2}$.　　9. 159 Hz，30°.

10. $u = 100\sqrt{2}\sin(314t + 60°)$ V.

11. $y = \sin\left(2x + \dfrac{\pi}{6}\right)$，$y = \sin\left(4x + \dfrac{\pi}{6}\right)$.

12. （1） $-\dfrac{1}{2}$；（2） $-\dfrac{\sqrt{2}}{2}$；（3） $\sqrt{3}$　$\left[\dfrac{5k\pi}{3} - \dfrac{\pi}{3}, \dfrac{5k\pi}{3} + \dfrac{\pi}{2}\right](k \in Z)$ 是单调递减

区间.

13. $\dfrac{22}{25}$.

14. （1） 从图像上可以看到，这个简谐运动的振幅是 2 cm；周期是 0.8 s，频率为

$\dfrac{5}{4}$ Hz.

（2） 如果从 O 点算起，到曲线上的 D 点，表示完成了一次往复运动；如果从 A 点

算起，则到曲线上的 E 点，表示完成了一次往复运动．

（3）设这个简谐运动的函数表达式为 $y = A\sin(\omega x + \varphi)$，$x \in [0, +\infty)$，那么，$A = 2$；由 $\dfrac{2\pi}{\omega} = 0.8$ 得 $\omega = \dfrac{5\pi}{2}$；由图像知初相角 $\varphi = 0$，于是所求函数表达式是 $y = 2\sin\dfrac{5\pi}{2}x$，$x \in [0, +\infty)$．

15．游击手能接到球，接球点为 B，而游击手从 A 点跑出，本垒为 O 点（如图 4 – 17 所示），从击出球到接到球的时间为 t，球速为 v，则 $\angle AOB = 15°$，$OB = vt$，$AB \leqslant \dfrac{v}{4} \cdot t$．

在 $\triangle AOB$ 中，由正弦定理，得 $\dfrac{OB}{\sin \angle OAB} = \dfrac{AB}{\sin 15°}$，$\sin \angle OAB = \dfrac{OB}{AB}\sin 15° \geqslant \dfrac{vt}{vt/4} \cdot$

$\dfrac{\sqrt{6} - \sqrt{2}}{4} = \sqrt{6} - \sqrt{2}$．

而 $(\sqrt{6} - \sqrt{2})^2 = 8 - 4\sqrt{3} > 8 - 4 \times 1.74 > 1$，即 $\sin \angle OAB > 1$．

因为这样的 $\angle OAB$ 不存在，所以游击手不能接到球．

16．1. 6 A．

17．电压 u 的初相角为 $135°$，电流 i 的初相角为 $45°$，电压 u 滞后电流 $90°$．

第5章　复数及其应用

课后能力训练5.1

1．（1）当 $m = 1$ 或 $m = 2$ 时，Z 是实数．

（2）当 $m \neq 1$ 且 $m \neq 2$ 时，Z 是虚数．

（3）当 $\begin{cases} (m-1)(m-2) \neq 0 \\ (2m+1)(m-2) = 0 \end{cases}$，即当 $m = -\dfrac{1}{2}$ 时，Z 是纯虚数．

（4）当 $\begin{cases} (m-1)(m-2) = 0 \\ (2m+1)(m-2) = 0 \end{cases}$，即 $m = 2$ 时，Z 是零．

2．（1）4，$-45°$；（2）5，$-90°$；（3）3，$0°$；（4）10，$53.13°$；

（5）2，$120°$．

3．（1）2，3.464；（2）-3.25，-3.25；（3）0.836，3.12；（4）-8，0．

4．（1）$180\angle 0°$；（2）$2\sqrt{2}\angle -45°$；（3）$10\angle 143.13°$；（4）$5.4\angle 90°$．

5. （1）$2.96 + j6.34$；（2）$4.96 - j3.74$；（3）$-2.61 + j14.77$；（4）$-j4$.

6. （1）$x_{12} = -2 \pm \sqrt{5}$；（2）$x_{12} = \pm j3$；（3）$x_{12} = \dfrac{1}{2} \pm j\dfrac{3\sqrt{3}}{2}$；（4）$x_{12} = \pm j8$.

课后能力训练 5.2

1. （1）$3 + j3$；（2）4；（3）$\dfrac{1}{10} \angle 143.13°$；（4）$\dfrac{6}{5} \angle 135°$.

2. （1）$5 + j35$，$25\sqrt{2} \angle 81.87°$，$0.415 \angle -4.76°$；

（2）$7.08 \angle -8.17°$；

（3）$4.47 \angle 26.56°$.

3. $11 + j10$，$-5 - j2$，$50 \angle 90°$，$0.5 \angle 16.26°$.

4. （1）$0.04 \angle 90°$；（2）$6.32 \angle -18.43°$；（3）$22 \angle 150°$.

5. $2.62 \angle 19.95°$.

6. （1）-2^{10}；（2）-1.

7. $u = 9.66\sqrt{2}\sin(\omega t + 41.90°)\,\text{V}$.

8. $i = \sqrt{2}\sin(1\,000t + 30°)$.

综合能力训练 5

1. 7.

2. $1 \angle 90°$，$1 \angle -90°$.

3. （1）$5 \angle 36.87°$，$10 \angle -53.13°$，$10 \angle -143.13°$，$4 \angle -90°$；

（2）$5 + j8.66$，$1.8 - j2.40$，$-3.2 + j2.40$，$A = j5$.

4. （1）$\dot{U}_1 = 100 \angle -30°\,\text{V}$；（2）$\dot{U}_2 = 220 \angle 45°\,\text{V}$；（3）$\dot{U}_3 = 110 \angle 60°\,\text{V}$.

5. （1）$u_1 = 100\sqrt{2}\sin(\omega t - 120°)\,\text{V}$；

（2）$u_2 = 100\sqrt{2}\sin(\omega t + 120°)\,\text{V}$；

（3）$u_3 = 50\sqrt{2}\sin(\omega t + 45°)\,\text{V}$.

6. $10 + j4$，$2 + j12$，$56.6 \angle 8.13°$，$1.77 \angle 98.13°$.

7. （1）$12.48 \angle -2.61°$；（2）$225.5 \angle 36°$.

8. （1） $5.26\angle 45.77°$；（2） $41.83\angle -45.77°$.

9. $i = 5\sqrt{2}\sin(314t - 23.078°)$.

第6章　函数与极限

课后能力训练6.1

1. （1）不同；（2）不同；（3）不同；（4）不同.

2. （1） $x \geqslant 2$；（2） $x \in R$，且 $x \neq \pm 1$；（3） $x > 3$；（4） $-1 \leqslant x \leqslant 1$，且 $x \neq 0$.

3. （1） $f(-1) = 4$，$f(0) = 5$，$f(2) = 25$；（2） $f(-1) = 3$，$f(0) = 5$，$f(4) = 8$.

4. （1）奇函数；（2）奇函数；（3）偶函数；（4）偶函数.

5. （1） $y = \dfrac{x+5}{2}$；（2） $y = \dfrac{x}{1-x}$；（3） $y = \dfrac{2x-1}{3}$；（4） $y = 2 + e^{x-1}$.

6. 本利和 y 随所存月数 x 变化的函数解析式为 $y = 1\,000(1 + 0.06\% x)$，存期为4个月时的本利和为 $1\,002.4$ 元.

7. 矩形区域面积与矩形边长之间的函数关系为 $y = x(50 - x)$.

8. 总造价与底面边长之间的函数关系为 $y = 2ax^2 + \dfrac{4aV}{x}$，$x \in (0, +\infty)$，其中 a 表示侧面的单位面积造价.

课后能力训练6.2

1. （1） $y = u^6$，$u = 5x + 3$；　　　　（2） $y = \cos u, u = 3x + 1$；

　（3） $y = \cos u$，$u = e^x$；　　　　　（4） $y = \sqrt{u}$，$u = x - x^2$；

　（5） $y = u^3$，$u = x + \ln x$；　　　　（6） $y = u^2$，$u = \sin x$；

　（7） $y = u^2$，$u = \cos v$，$v = 2 - 3x$；　（8） $y = \ln u$，$u = \ln v$，$v = \ln x$.

2. $f[g(x)] = 3 \cdot 2^x + 1$，$g[f(x)] = 2^{3x+1}$，$f[f(x)] = 9x + 4$.

3. 容积与截去的正方形边长之间的函数关系为 $V = (a - 2x)^2 x$，$x \in \left(0, \dfrac{a}{2}\right)$.

4. $u = 220\sin\varphi$，$\varphi = 2t + \dfrac{\pi}{6}$.

课后能力训练 6.3

1. （1）$\dfrac{\pi}{2}$；（2）0；（3）0；（4）不存在.

2. （1）错；（2）对；（3）错；（4）对；（5）错.

3. （1）D；（2）C；（3）D；（4）A；（5）C；（6）C；（7）B；（8）B.

4. （1）11；（2）-1；（3）$\dfrac{5}{3}$；（4）-4；（5）0；（6）$\dfrac{2}{3}$；（7）$\dfrac{1}{4}$；（8）$\dfrac{4}{5}$；

（9）$\dfrac{2}{3}$；（10）$\mathrm{e}^{-\frac{1}{2}}$；（11）$\mathrm{e}^2$；（12）$\mathrm{e}^{-1}$；（13）$\mathrm{e}^5$；（14）0；（15）2；

（16）e^2.

5. $P = 200$ 万.

6. 1.

7. （1）$k = \dfrac{1}{30}$；（2）$+\infty$.

综合能力训练 6

1. （1）D；（2）C；（3）D；（4）D；（5）D.

2. （1）错；（2）错；（3）对；（4）错；（5）对.

3. （1）$(-\infty,\ 1]$；（2）21；（3）7；（4）$1 \leqslant x < 2$ 或 $2 < x < 3$；（5）$\dfrac{\pi}{3}$；

（6）$y = \lg u$，$u = \sqrt{v}$，$v = \cos \omega$，$\omega = x - x^2$；（7）e^3；（8）3；（9）0；（10）$\dfrac{2}{3}$.

4. （1）$y = \sqrt{u}$，$u = 4 - x^2$；（2）$y = \mathrm{e}^u$，$u = 3x - 5$；（3）$y = \sin u$，$u = 2x + 3$；

（4）$y = \sqrt{u}$，$u = \arccos v$，$v = 1 - x^2$；（5）$y = \lg u$，$u = \sqrt{v}$，$v = x + 2$；

（6）$y = u^2$，$u = \sin v$，$v = 5x - 3$.

5. （1）-9；（2）0；（3）1；（4）0；（5）$\dfrac{4}{3}$；（6）2.

6. E.

7. $y = \begin{cases} 0, & 0 \leqslant x \leqslant 20 \\ 2(x - 20), & 20 < x \leqslant 50. \\ 60 + 24(x - 50), & x > 50 \end{cases}$

8. $\dfrac{8}{\pi+8}$.

9. $y(10)=\dfrac{45\,000}{1+a\mathrm{e}^{-450\,000k}}$, $450\,00$.

10. $0.16\sim0.2$ A.

第7章　导数及其应用

课后能力训练7.1

1. (1) 2；(2) $f'(x_0)$；(3) 2；(4) 4；(5) 6.

2. (1) C；(2) B；(3) B；(4) B；(5) A.

3. $y=6x-9$.

4. $k=\dfrac{1}{2}$，切线方程：$y=\dfrac{1}{2}x+\dfrac{1}{2}$，法线方程：$y=-2x+3$.

5. (1) 1；(2) $4x^3$；(3) $\dfrac{1}{2\sqrt{x}}$；(4) $-\dfrac{1}{2\sqrt{x^3}}$；(5) $-2x^{-3}$；(6) $\dfrac{2}{3\sqrt[3]{x}}$.

6. (1) 6；(2) $-\dfrac{\sqrt{2}}{2}$；(3) $\dfrac{1}{3\ln3}$.

7. $P=8$.

课后能力训练7.2

1. (1) $y=1-\dfrac{1}{2}\cos x$；(2) 13；(3) 6；(4) 1；(5) 0.

2. (1) D；(2) C；(3) D.

3. (1) $y'=20x^3$；(2) $y'=\cos x-\dfrac{1}{2\sqrt{x}}$；(3) $y'=\dfrac{7}{2}x^{\frac{5}{2}}+12x^2$；(4) $y'=-\dfrac{1}{x^2}$；

(5) $y'=3x^2\tan x+x^3\sec^2 x$；(6) $y'=\sin x+x\cos x-2x$；

(7) $y'=-\dfrac{6x}{(x^2-3)^2}$；(8) $y'=\dfrac{2+x^3-3x^3\ln x}{x(2+x^3)^2}$.

4. (1) $y'=24(3x+5)^7$；(2) $y'=30(5x-1)^5$；(3) $y'=3\cos(3x-7)$；

(4) $y'=-4\sin(4x+2)$；(5) $y'=\dfrac{x}{\sqrt{x^2-3}}$；(6) $y'=-2\mathrm{e}^{1-2x}$；

（7）$y' = 3\cos 3x - \sin 2x$；（8）$y' = 2^x \ln 2 \sin 3x + 3 \cdot 2^x \cos 3x$；

（9）$y' = \dfrac{4}{(4-x^2)\sqrt{4-x^2}}$；（10）$y' = \dfrac{2}{\sqrt{1-(2x+3)^2}}$.

5. （1）$f'(-2) = -7$，$f'(0) = 5$；

   （2）$f'(1) = 2\sin 1 + 4\cos 1$，$f'\left(\dfrac{\pi}{4}\right) = \dfrac{\sqrt{2}(8+\pi)\pi + 48\sqrt{2}}{32}$；

   （3）$f'(2) = \dfrac{2\sqrt{3}}{3}$.

6. （1）$f''(x) = 2$；（2）$y'' = 3e^x + \dfrac{1}{x^2}$；（3）$y'' = 10e^{5x^2-3}(1+10x)$.

7. （1）$f''(3) = 160$；（2）$f''(1) = 9e^5$.

8. （1）飞轮转过的角度为 6.8 rad，此时飞轮的旋转速率为 2.8 rad/s；（2）$\dfrac{20}{3}$ s.

9. 该回路中的感应电动势的瞬时大小是 $E(2) = \varphi'(2) = 3\cos 11 + 2e^4$.

课后能力训练 7.3

1. （1）$x^2 + C$；（2）$-\dfrac{1}{x} + C$；（3）$-\cos 3x + C$；（4）$\tan x + C$；（5）$\ln|x| + C$；

   （6）$2\sqrt{x} + C$；（7）$-\dfrac{1}{2}$；（8）$\dfrac{1}{2}$；（9）0.03；（10）-0.02.

2. （1）B；（2）B；（3）D.

3. （1）$dy = (15x^4 - 5)dx$；（2）$dy = 20(4x+3)^4 dx$；（3）$y' = -\dfrac{6x}{(x^2-3)^2}dx$；

（4）$dy = 3e^{3x-5}dx$；（5）$dy = 3\cos(3x+1)dx$；（6）$dy = x^2(3\sin 2x + 2x\cos 2x)dx$；

（7）$y' = -\dfrac{x}{\sqrt{1-x^2}}dx$；（8）$y' = \dfrac{2}{1+(2x-1)^2}dx$.

4. （1）0.874 7；（2）5.04；（3）0.01；（4）0.507 6.

5. 面积增大的精确值为 1.002 5π cm²，近似值为 3.14 cm².

6. （1）$i(t) = 3t^2 + 1$；（2）$i(2) = 13$ A；（3）$t = 3$ s.

7. 截面圆的面积近似值为 196 2.5 mm²；绝对误差为 3.14 mm²；相对误差

为 0.16%.

课后能力训练 7.4

1. (1) $(-2,0) \cup (0,2)$；(2) $(0,+\infty)$；(3) $\dfrac{77}{3}$；(4) 驻；(5) -1.

2. (1) D；(2) B；(3) C；(4) C；(5) B.

3. (1) 极小值$y\big|_{x=-3}=3$；(2) 极小值$y\big|_{x=5}=-22$，极大值$y\big|_{x=1}=10$；

(3) 极小值$y\big|_{x=e^{-\frac{1}{2}}}=-\dfrac{1}{2e}$；(4) 极小值$y\big|_{x=1}=2$，极大值$y\big|_{x=-1}=2$.

4. (1) 最大值$f(-2)=5$，最小值$f\left(\pm\dfrac{\sqrt{6}}{2}\right)=-\dfrac{5}{4}$；

(2) 最大值$f(-5)=f(5)=582$，最小值$f(-1)=f(1)=6$；

(3) 最小值$f\left(\dfrac{\pi}{2}\right)=-1.571$，最大值$f\left(-\dfrac{\pi}{2}\right)=1.571$；

(4) 最小值$f(0)=-1$，最大值$f(4)=\dfrac{3}{5}$.

5. D 点应选在距离 A 点 15 km 处.

6. 当圆柱体容器底面半径为 3 m，高为 6 m 时，用料最省.

7. 当正方形边长为 6 m 时，所用材料最省.

综合能力训练 7

1. (1) $y=\dfrac{1}{2}x+\dfrac{3}{2}$；(2) $(0,+\infty)$；(3) $(1,2)$；(4) 4；(5) $y'=1-\dfrac{1}{2}\cos x$.

2. (1) B；(2) C；(3) A.

3. (1) $y'=15x^2+\dfrac{1}{x\ln 3}$；(2) $y'=3x^2+2x-6$；(3) $y'=-3\sin(3x-5)$；

(4) $y'=\sin x+x\cos x$；(5) $y'=\cot x$；(6) $y'=\dfrac{e^x(x-1)^2}{(x^2+1)^2}$；

(7) $y'=10(2x+3)^4$；(8) $y'=\dfrac{\cos\sqrt{x}}{2\sqrt{x}}$.

4. (1) $dy=(20x^4-6x)dx$；(2) $dy=\dfrac{1}{x-1}dx$；(3) $dy=e^{-x}(1-x)dx$；

(4) $dy=\dfrac{1}{(1+x^2)\sqrt{1+x^2}}dx$；(5) $dy=e^{3x}(3\cos x-\sin x)dx$；

（6） $\mathrm{d}y = (\sin 2x + 3\cos 3x)\mathrm{d}x$.

5. 98.

6. 在 $(-\infty, 3)$ 单调减少，在 $(3, +\infty)$ 单调增加，函数的极小值为 $f(3) = 1$.

7. 当场地的正面长为 $10\ \mathrm{m}$，侧面长为 $15\ \mathrm{m}$ 时，所用材料费最少.

8. 当容器的底面半径为 $r = \sqrt[3]{\dfrac{V}{\pi}}$，高为 $h = \sqrt[3]{\dfrac{V}{\pi}}$ 时，所用材料最省.

9. 第 3 个小时的工作效率最高，在这个小时内的产量是 56 件.

10. 变压器在距 A 点 $1.2\ \mathrm{km}$ 处时，所需输电线最短.

11. 当汽车速度为 $80\ \mathrm{km/h}$ 时，汽车发动机的效率达到最高.

第 8 章　积分及其应用

课后能力训练 8.1

1. （1） $\displaystyle\int_{-1}^{2} (x^2 + x - 2)\mathrm{d}x$；（2） $\displaystyle\int_{-1}^{2} x^2\mathrm{d}x$；（3） $1 - \displaystyle\int_{0}^{1} x^2\mathrm{d}x$.

2. （1） 2；（2） 4π.

课后能力训练 8.2

1. （1） 对；（2） 错；（3） 对；（4） 错.

2. （1） $\sqrt{2 + x^2}$；（2） $\mathrm{e}^{2x}\sin 3x + c$.

3. （1） $-\dfrac{2}{3}\dfrac{1}{x^3} + c$；（2） $-\dfrac{2}{3}x^{\frac{-3}{2}} + c$；（3） $3x^2 + \dfrac{2}{3}x^3 - \dfrac{1}{2}x^4 + c$；

（4） $-\dfrac{1}{x} + \ln|x| - 3x + c$；（5） $\dfrac{3^x}{\ln 3} - \dfrac{\left(\dfrac{3}{2}\right)^x}{\ln\dfrac{3}{2}} + c$；（6） $\dfrac{1}{2}(x + \sin x) + c$.

4. $y = \dfrac{x^3}{3} + \dfrac{4}{3}$.

5. （1） $65/24$；（2） $\mathrm{e}^2 - \mathrm{e} - 1$.

课后能力训练 8.3

1. （1） $1/2$；（2） $1/3x$；（3） $1/9$；（4） 2；（5） $-1/2$；（6） -1；

(7) 1/2；(8) 1/3.

2. (1) $\dfrac{(3x+2)^5}{15}+c$；(2) $-\dfrac{1}{2}e^{-2x}+c$；(3) $-\dfrac{1}{4(2x+1)^2}+c$；(4) $\dfrac{\ln^4 x}{4}+c$；

(5) $-\sqrt{3-x^2}+c$；(6) $\sin^2 x+c$；(7) $\dfrac{1}{3}\ln(1+e^{3x})+c$；(8) $\dfrac{2e^{x^3}}{3}+c$；

(9) $\dfrac{1}{4}(3x-2)^4+c$；(10) $\dfrac{1}{3}(3x-1)^3+c$；(11) $22\arctan(\sin x)+c$；

(12) $\sin x-\dfrac{\sin^3 x}{3}+c$.

3. (1) 1；(2) 2；(3) $-1/2$；(4) 1；(5) $\dfrac{1}{4}$；(6) $\dfrac{8}{3}$；(7) $-1/4$；

(8) $\dfrac{1}{8}$.

课后能力训练 8.4

1. (1) $-3e^{-x}(x+1)+c$；   (2) $-x^2\cos x+2x\sin x+\cos x+c$；

(3) $x^2e^x+2xe^x+2e^x+c$；   (4) $x^2\sin x-2x\cos x+2\sin x+c$；

(5) $x\sin x+\cos x+c$；   (6) $\dfrac{1}{4}x^4\ln x-\dfrac{1}{16}x^4+C$.

2. (1) $\dfrac{\pi}{2}-1$；(2) $\dfrac{1}{4}+\dfrac{e^2}{4}$.

课后能力训练 8.5

1. (1) 2；(2) $e+e^{-1}-2$；(3) 5；(4) 1.

2. (1) $2e-\dfrac{2}{3}$；(2) 7/12；(3) $1/3+\ln 2$；(4) 16/3；(5) 9/2.

3. 0.441 J.

4. 4.9×10^7 J.

5. 1.96×10^4 N.

综合能力训练 8

1. (1) A；(2) B；(3) C.

2. （1）4；（2）6；（3）1；（4）1/3.

3. （1）14；（2）0；（3）$\frac{1}{12}(3x+2)^4$；（4）$\frac{\pi^3}{8}+1$；（5）$\frac{1}{3}xe^{3x}-\frac{1}{9}e^{3x}+C$；

（6）$\frac{1}{3}(1-\ln^4 2)$.

4. $2\sqrt{2}-2$.

5. 3.568×10^7 J.

6. 3.236×10^7 N.

参 考 文 献

[1] 胡桐春．应用高等数学［M］．2 版．北京：航空工业出版社，2021.

[2] 刘贤军，王静，尹德玉．高等数学［M］．长春：东北师范大学出版社，2011.

[3] 谢金云，周杰伟，彭雪辉．工科应用数学［M］．上海：上海交通大学出版社，2003.

[4] 谢金云，汤玉荣，牟树杰．经济应用数学［M］．镇江：江苏大学出版社，2021.

[5] 冯英杰，王斌．高等数学基础［M］．南京：南京大学出版社，2020.

[6] 陆春桃，麦宏元．应用数学［M］．上海：上海交通大学出版社，2014.

[7] 刘明忠，叶俊，黄长琴．大学应用数学［M］．北京：北京邮电大学出版社，2021.

[8] 杨振秀．大学数学［M］．上海：上海交通大学出版社，2019.

[9] 林群．数学［M］．北京：人民教育出版社，2020.

[10] 林群．数学［M］．北京：人民教育出版社，2018.

[11] 闫杰生，池光胜，钟艳林．高等数学［M］．北京：北京出版社，2022.

[12] 赵燕．应用高等数学（机电类）［M］．北京：北京理工大学出版社，2021.

[13] 尹清杰，朱维栩．应用数学基础［M］．北京：机械工业出版社，2004.

[14] 韦建良．工程数学［M］．桂林：广西师范大学出版社，1999.

[15] 林知秋，舒为清．电路基础［M］．南昌：江西高校出版社，2004.

[16] 何文阁．高等应用数［M］学．北京：航空工业出版社，2020.

[17] 汤涛．华为5G与数学［J］．数学文化，2019，10：87－100.